3000萬字，給孩子更優質的學習型大腦

Thirty Million Words

Building a Child's Brain

Dana Suskind 丹娜・蘇斯金 著　王素蓮 譯

好評推薦

這是一個引人入勝，關於誕生與轉型的故事——醫學奇蹟的誕生與慈悲外科醫師的轉型。蘇斯金醫師以幽默與謙遜細數她的旅程，以特別親切的口吻，與其他醫師作家奧利佛．薩克斯（Oliver Sacks）、阿圖．葛文德（Atul Gawande）及保羅．法默（Paul Farmer）並肩開闢了一條新路。本書將吸引所有因人類潛能而振奮不已的讀者，並鼓舞下一代的醫師。

——約書亞．史派羅（Joshua Sparrow），哈佛醫學院附屬波士頓兒童醫院醫師

熱情的個人報告，說明所有家長都有力量培養蓬勃發展的成功孩子。

——黛安娜．曼德莉．朗納（Diana Mendley Rauner），預防基金會會長

丹娜・蘇斯金醫師撰寫熱情洋溢、引人入勝、有憑有據的報告，探討早期語言接觸對孩童發展的重要性。這是向家長、教育工作者，以及所有投入兒童成功與福利工作者，提出寶貴的「語言號召」（call to words）。

——詹姆士・赫克曼（James Heckman），芝加哥大學經濟學教授、諾貝爾得主

丹娜・蘇斯金醫師一個人推動了變革。在這本內容完美的書中，她將母親的心注入醫師的智慧。家長、政策制定者與教育工作者，這本書是為你們而寫。本書內容詳實、慈悲憐憫，呼籲採取行動以豐富我們最大的天然資源，就是我們的孩子。

——凱西・赫胥—帕賽克（Kathy Hirsh-Pasek），天普大學心理學教授、《愛因斯坦不玩識字卡》（*Einstein Never Used Flash Cards*）共同作者

蘇斯金醫師結合科學、從外科醫師轉為捍衛兒童者的經歷，展現了對嬰兒說話的深遠力量。理解語言如何從年幼就開始塑造我們，將使所有關心孩童的人因此受益。

——派翠西亞・庫兒（Patricia K. Kuhl），華盛頓大學語言聽力科學教授、《搖籃裡的科學家》（*The Scientist in the Crib*）共同作者

蘇斯金的願景賦予自主權，方式驚人的易於執行，結果證明可培養孩子成為穩定而具同理心的大人。內容豐富、振奮人心的嶄新資料證實，對孩子說話，能獲得顯著益處。

——《科克斯書評》（*Kirkus Reviews*）

感謝丹娜．蘇斯金開啟解決方案與希望的大門。要解決持續增長的社會不平等問題，答案是運用最重要的兩項資源：孩童與家長。我們若關切自己的國家，關切將在這裡長大成人的孩童，就必須讓蘇斯金醫師的建議成真。

——桑德拉．古鐵雷斯（Sandra Gutierrez），「開門」（Abriendo Puertas/Opening Doors）創辦人兼國家主任

作者基於人工耳蝸植入外科醫師的經驗，提供令人信服的社會科學研究資訊，從對孩童與家庭的深遠承諾獲得啟發。本書幫助我們每個人理解，對嬰幼兒豐富、愉悅而敏銳回應溝通的重要性。告訴每個你認識的人去讀這本書！我們可以在各種類型的家庭與社區，一起豐富下一代的語言環境。這本書難能可貴！

——隆納．弗格森（Ronald F. Ferguson），哈佛大學成就落差計畫主任

蘇斯金清楚、明瞭而具權威的撰寫本書，闡釋家長為何需要對他們的寶寶說話，以及為何某些溝通形式優於其他形式。《父母的語言》應被列為每個家長、老師及教育政策制定者的閱讀書單。

——亞當．奥特（Adam Alter），紐約大學副教授、《粉紅色牢房效應》（*Drunk Tank Pink*）作者

任何關心孩子、關心這國家未來的人，都應當閱讀本書。

——芭芭拉．褒曼（Barbara Bowman），艾瑞克森（Erikson Institute）艾爾文．哈里斯（Irving B. Harris）兒童發展研究所教授

蘇斯金醫師的著作透露，我們能給孩子最棒的禮物是免費的。一旦我們理解到，想讓孩子在世上占有優勢，不需要金錢，而是需要語言，就增加家長極大的自主感。她的研究至關重要。

——克里斯．倪（Chris Nee），《小醫師大玩偶》（*Doc McStuffins*）創作者與執行製作

直接來自前線的丹娜・蘇斯金醫師，訴說對話的力量可以幫助孩子學習。本書易於閱讀，每頁都有引人注目的見解，不僅讓你重新思考自己的教養方式，也提供幫助孩子處於最佳狀態的工具。

——翔恩・貝洛克（Sian Beilock），芝加哥大學教授、
《搞什麼，又凸槌了?!》（Choke）與
《身體的想像，比心思更犀利》（*How the Body Knows Its Mind*）作者

意識到我們都能成為孩子的神經開發者，而互動的純粹品質，會影響探究的態度與孩子的健康，這讓人增加極大的自信。蘇斯金醫師著作的實際應用無窮；身為父親及（堅韌的）投入早期兒童發展者，我期待看見本書帶我們走到怎樣的境地。

——史蒂夫・奈許（Steve Nash），
史蒂夫・奈許基金會會長、兩屆ＮＢＡ最有價值球員

為家長的承諾、預防，以及神經可塑性喝采！

——貝瑞・布列茲頓（T. Berry Brazelton），哈佛醫學院小兒科榮譽臨床教授

準備展開一場革命。本書會讓你又哭又笑，深刻反省我們應當做什麼，讓每個人都有成功的機會。身為學者，我敬畏；身為老師，我讚嘆；身為父親，我感謝本書作者。當你捧讀本書時，記得騰出數小時，因為你會欲罷不能。我毫不含糊的給五顆星。

——約翰．李斯特（John A. List），
芝加哥大學利文思敦講座（Homer J. Livingston）教授、
《一切都是誘因的問題》（*The Why Axis*）作者

《父母的語言》描述一名卓越女性的堅定使命，要給每個孩子茁壯成長的機會。丹娜．蘇斯金擔任失聰兒小兒外科醫師的工作，幫助她理解語言對孩子發展的驚人力量。她提供簡單而深遠的知識，探討語言如何影響大腦，並提供深刻的見解，分享如何創造豐富的語言環境，讓孩子可以翱翔。每一頁都滿溢著溫暖與智慧。分享這本書，並成為這奇妙旅程的一份子。

——史蒂芬．李維特（Steven D. Levitt），芝加哥大學經濟學教授、
《蘋果橘子經濟學》（*Freakonomics*）共同作者

丹娜・蘇斯金讚許他人為英雄，但她才是真正的英雄！當她發現幫助失聰兒聽見，並不足以幫助他們學習語言時，便跨出小兒人工耳蝸植入外科醫師的舒適圈，帶領我們踏上她扣人心弦、引人入勝的旅程，瀏覽兒童早期學習的最佳研究，不斷分享明智而極有幫助的例子，我們都應效法，幫助孩子總以充滿樂趣與愛的方式，學習語言及更多東西。

——艾倫・賈林斯基（Ellen Galinsky），

家庭與工作協會會長、《心態製作中》（*Mind in the Making*）作者

目　錄

1

連結

為何一名小兒人工耳蝸植入外科醫生，
成了一個社會科學家？

失明使我與事物分離；
失聰使我與人們隔絕。

——海倫．凱勒

「親子對話」或許是世上最寶貴的資源。無論語言或文化的分別、遣詞用字的細微差異，或是社經地位的不同，語言都是協助大腦發展最佳潛力的要素。同樣的，缺乏語言則會危害腦部發展。生來聽得見，但處於語言貧乏環境中的孩子，發展幾乎等同於先天失聰、無法接收豐富符號環境的孩子；若不加以介入，兩者均要承受寂靜所帶來嚴重的終身影響。反之，處於豐富語言環境中的孩子，不論是生來就聽得見，或是透過植入人工耳蝸而獲得聽力，都可以翱翔天際。

我的故事

我完全了解，身為小兒人工耳蝸植入外科醫生，撰寫一本談「親子對話」力量的書，這有多麼令人啼笑皆非。外科醫生在許多事上廣為人知，但說話並未列入其中。我們被定義為我們的雙手、在手術室裡的純熟靈巧，以及釐清問題並找出解決方案的能力，而非話語。對一名外科醫生而言，最令人心滿意足的事，莫過於拼圖各就各位大功告成的那一刻。

人工耳蝸植入術，能讓先天失聰的孩子聽得見，可說是所有拼圖組成的絕佳範例。捲成兩圈半如蝸牛狀的耳蝸，是開啟聽覺神經的器官，而人工耳蝸成功跳過不健全的細胞，沿著聽力路徑中那個令聲音驟停的點，直接進入聽覺或聽力神經，是連結耳部到大腦的高速公路。驚人的成果是，誕生於寂靜中的孩子，如今有辦法聽、說，並且能在教育與社交層面融入世界。人工耳蝸植入術是那塊恰到好處的拼圖，精準漂亮，真是解決全聾的奇蹟方案。

至少，我以前是這麼想的。

在醫學院裡，吸引我注意的是大腦，而非耳朵。大腦似乎是一處深奧祕境，握有足以解答人生所有未知問題的鑰匙。我的夢想是成為一名神經外科醫生，以我的雙手，解決那些在面對人道時，最重要且最煩惱的議題。

然而，我在醫學院的第一個神經外科病例，進行得並不順遂。神經外科主任R醫師邀我「徹底清洗並穿上手術服」，參與一項腦膜瘤切除手術，切除目標是一個良性腦瘤。我們當時正在撰寫有關腦膜瘤切除術的教科書內容，因此他認為，如果我親眼看見實體畫面，可能會有些幫助。我走進手術室，R醫師示意要我走向手術台，在那兒面對我的，是一顆剃光毛髮的頭顱，沾染了黃色和紅色的優碘藥水及血液。在失去顱骨的巨大缺口裡，淺灰色凝膠狀物質有節奏的搏動著，彷彿試圖逃離骨頭的框架。病人的軀幹就像魔術師助理般，已經完全消失在長長的藍色手術覆蓋巾下。

當我走向病人時，猛然意識到自己的心跳。這一團極度凝結的骨膠，果真是塑造我們是誰的中心嗎？刺眼的光在我眼前交錯，我幾乎無法聽進R醫師在說什麼。我記得的下一件事，是自己被帶到一名外科護士身旁的椅子。丟臉嗎？當然！

但那件事並非我後來不走腦外科的原因。歸根究柢，更是一項衡量過夢想與現實後的決定。

一九八〇年代在神經外科曾風行一句俗諺：「當空氣襲擊大腦，你就永遠不再一樣。」當時的腦外科經常搞得病人嚴重衰弱，儘管餘命尚存。當然，在這些年間，情況已經有所改善，但個人經驗促使我重新思考，是否有從事腦部相關工作的其他方式。我採取比較迂迴的方式——耳朵。在聖路易斯華盛頓大學的研究期間，我在卓越的良師兼益友羅德·盧斯克（Rod Lusk）指導下，學到人工耳蝸植入的必備技巧，有助於確保手術成功。

對我來說，人工耳蝸植入術是最優雅的外科手術之一。在高倍顯微鏡下，內耳從一顆微小豌豆，放大到一枚二十五美分硬幣的尺寸，得仰賴微小精密的儀器，以配合微小精密的動作。我在全室關燈下進行手術，唯一的光線來自於顯微鏡，宛如一盞聚光燈，照著這場表演秀的巨星——耳朵。顯微鏡的穿透光線，曾被稱作是投射近乎浪漫的光圈，籠罩在病人和外科醫師身上。許多外科醫師在進行手術時會來點音樂，我卻偏好手術室保持寧靜祥和。當我專注於外科手術時，只有鑽頭的嗡嗡聲做為背景音樂。

我之所以決定成為小兒頭頸部外科醫生，專精人工耳蝸植入術，全是機緣巧合。因為兩項歷史性的醫學事件交會，開啟了先天失聰兒的黃金時代。

一九九三年，美國國家衛生研究院（National Institute of Health）建議，所有新生兒應接受聽力評估，在離院前進行新生兒普遍篩檢。這項明智的公衛創舉，把診斷失聰的年齡，從三歲猛然降至三個月。當小孩確實失聰時，家長和小兒科醫生再也不能好整以暇的認為：「他只是比較晚說話。」「她哥哥把她所有想說的話都搶走了。」其重要性增長得愈來愈快，加上神經學的奇蹟發展——人工耳蝸——同時出現，改變數百萬失聰兒人生的機會已經到來。

人工耳蝸

人體內的大腦與神經結構，往往無情。從腦性麻痺到中風，從脊髓損傷到足球運動導致的頭部外傷，醫療格言往往是「改善」而非「矯正」。「聽力損失」是引人注目的實例，證明有些事確實能辦到。

一九八四年，適用於成人的第一支單頻人工耳蝸，通過了美國食品藥物管理局（ＦＤＡ）檢驗，它能偵測到聲響，能意識到一些人聲，雖然並不如一般認知的「聽見」。爾後，在一九九〇年，差不多是首次提出「進行新生兒普遍篩檢」這建議的同一時間，能處理複雜語言功能且適用於幼兒的新型多頻人工耳蝸，也通過了檢驗。這是史上第一次，先天失聰的孩子，在大腦建立語言路徑的年紀，就能聽見。

我們必須了解，這兩項巧合事件的時機點為何如此關鍵。在三歲結束前，人類的大腦（包括其一千億個神經元）已完成八五％的生理成長，這是所有思考與學習的重大基礎。科學顯示，大腦發展與幼兒的語言環境絕對相關，當然，這不表示大腦在三年後便停止發展，但確實強調這幾年的關鍵性。事實上，嬰兒聽力損失的診斷，常被稱為「神經急症」，基本上就是預期它對新生兒發展造成的負面影響。

「早期篩檢」和「兒童人工耳蝸」同時出現的重要性，不言而喻。如果它們並非同時出現，比方說，如果孩童在較晚的年紀被診斷失聰，然後在耳朵裡植入人工耳蝸，它可能會被視為一項科技上的傑作，但也就僅此而已，並不會成為徹底改變局面的角色。因為成功的人工耳蝸植入，需要神經可塑性，也就是大腦遇到新刺激而發展的能力。雖然在某種程度上，學習語言的神經可塑性，可能發生於任何年齡，但對出生到差不多三、四歲的嬰幼兒大腦，卻是不可或缺的。當然，如果已學會說話、在大腦建立語言路徑後才失聰，就屬於例外情況。如果一個人先天失聰，又拖到較晚年紀才接受植入，雖然他能夠聽見聲音，但通常無法了解那些聲音的意義。

然而，我很快就發現到，即使在最佳時機為失聰兒安置人工耳蝸，仍有其他因素會妨礙其成功。

起步慢的好處

位於芝加哥南方的芝加哥大學，宛如一座凸顯貧富差距的海島。在芝加哥南方，有許多家庭面臨社會及經濟上嚴峻的挑戰，因此在我開始人工耳蝸植入專案前，先天失聰兒與家人之間的溝通障礙，無疑使情況雪上加霜。對我和我那優秀的專業人工耳蝸植入團隊而言，這既是千載難逢的機會，也是無與倫比的挑戰。事後證實，這段經驗徹底改變我思考與生涯的方向。

一九六〇年代後期，正是民權衝突的高峰期，當時我還是嬰兒，身為社會工作者的母親，帶著我進入巴爾的摩市中心貧民區，陪她一起工作。我睡在她辦公室隔壁的房間，有人坐在房門外，我一醒，那人就會去叫她。那年稍晚，母親被派至祕魯做一項研究，探討在利馬周圍貧民窟設置托嬰中心的可能性。她有時會把我放進鋁製邊框的嬰兒背帶，背著我翻山越嶺，據她所說，滿腹狐疑的當地居民，從沒看過外國人那麼做。多年後母親告訴我，無論她在哪裡、做什麼，從未真正學以致用，特別是對那些永遠沒機會開發潛能的人，沒能提供幫助。這跟我和病人間的經驗不謀而合。當我展開這趟旅程，並不知道這份工作帶來最大的影響之一，其實是落在自己身上。

我在芝加哥大學的人工耳蝸植入團隊，起步緩慢。病人並未如我所預期，像參加購物中心特賣會一般，在我門口大排長龍。但也正因為起步緩慢，給了我一個關鍵視角，不然我很可能就輕忽了。

因為病人極少，我對每個病人視如己出，帶著為人父母者擁有的一切驕傲，關注他們每一個里程碑、他們第一次笑、他們跨出第一步。每一次系統啟動，孩子的人工耳蝸被打開而第一次聽見聲音時，我都在場。我就跟家長一樣，為成功歡慶；要是事情未若預期發展，我也焦慮不安。

我對自己所看見的問題，感到極度困擾。孩子第一次聽見聲音的反應遲緩、聽到叫他的名字卻沒有反應、很慢才會說第一個字或閱讀第一本書。更加重我負擔的是另一項事實：我發現一開始看起來十分相似的孩子，後來卻產生極大的差異。發掘背後原因的這條路，最後帶我走進了天生聽力正常兒童的世界。

事實上，我可能一度將對孩子們的觀察視為非科學，充其量當成是軼聞趣事。對我及其他學術界人士來說，唯有數據多到足以證實或駁斥某件事，科學才能變成「真」科學；就如我們所說的，需要「有力」的樣本數。但我很快就了解到，數據的力量無視個別經驗的意義，很可能遮蔽了重要的見解。

扎克和蜜雪兒

扎克是我第二個人工耳蝸植入的病人，蜜雪兒是第四個。兩人出生時都被診斷為重度失聰，並且在許多方面有著超乎尋常的相似度。扎克和蜜雪兒展現相似的先天潛力，兩人的母親都深愛他們，希望孩子生活在有聲世界，因此同樣接受最有力科學技術所提供的幫助，但所有相似之處到此為止。一樣的潛力，一樣的外科手術，但截然不同的結果。

我在任何一本醫學教科書上，永遠不可能獲得從扎克和蜜雪兒身上學到的東西。這個經驗不僅使我意識到科技的局限，也認知到有股潛在影響的力量。那是一股我過去可能知道，但未能辨識的力量，它不可撤銷的影響著所有人的生命曲線。

扎克

扎克的父母帶他來找我們團隊時，差不多八個月大，小小的身軀頂著頭髮，輕到幾乎感覺不出他的重量。他愛笑，以如晴空般藍色的眼珠，觀看我們的一舉一動。他的失聰令父母震驚。在扎克的家族中，沒人有聽力損失的問題，只有一個遠親，到六十多歲時戴上助聽器。姊姊艾瑪大扎克兩歲，聽力正常，是個典型愛講話的姊姊。扎克的父母過去雖未接觸任何聾啞人士，但在進我辦公室以前，他們就很清楚自己要的是什麼。

他們已事先做了很多功課，務實認真，暗下決心，知道有其他不同的溝通選項，並清楚讓我們知道他們的目標：「讓扎克成為有聲世界裡的一份子，能聽能說。」扎克從診斷後就開始配戴助聽器，而且令人訝異的是，許多父母為了讓孩子一直戴著助聽器，通常得跟孩子長期抗戰，扎克卻輕鬆自在的戴著，由於承受不住助聽器的重量，他的小耳朵翻了過來，好像颶風中的棕櫚樹。

在其他方面，扎克的父母也相當積極主動。一開始，他們請治療專家到家裡，學習協助提高扎克語言發展的技巧。他們甚至開始學手語，以確保不論用哪種模式，都能與扎克溝通。因此，手語成了扎克和家人之間的連結。

扎克的父母一開始就知道，植入人工耳蝸是個機會，問題在於時機。扎克在嬰兒時期，曾接受判定聽力的「聽性腦幹反應（auditory brainstem response, ABR）」測試，結果是「無反應」，一條水平線橫過他的聽性腦幹反應描記，沒有漂亮的神經峰值，這表示大腦對聲音沒有反應，而必經的助聽器試驗也以失敗告終。扎克罹患最重度類型的失聰，即使配戴了助聽器，摩托車呼嘯而過發出九十分貝的聲響，也無法對他的大腦造成絲毫波動，這樣要助聽器如何發揮功效？儘管如此，扎克的父母始終不放棄，仍讓他配戴助聽器，盼望他成為罕見的例外，也盼望助聽器確實生效。美國食品藥物管理局規定，通過檢驗的人工耳蝸僅適用於十二個月大以上的孩子。在等候符合規定的這一年，他們還能做什麼？

扎克的母親一向積極主動，從一開始就認清助聽器無效，於是自己尋求解決之道。當扎克還是小嬰兒時，她會把他抱在胸前，把他的小手放在她的喉嚨上，希望扎克能透過母親甜美的搖籃曲共鳴，感受到聲音。本著尋求解決方案的相同精神，她帶扎克來找我們的意圖無庸置疑，就是要植入人工耳蝸。扎克的父母決定，他的第一個生日，會是他的「聽力」生日。

然而，植入只是第一步，真正的「聽力生日」是人工耳蝸裝置啟動的那一刻。那是非常戲劇性的一刻，總是伴隨著：「寶貝，寶貝，你聽得見媽咪的聲音嗎？媽咪好愛你哦！」如果手術成功，小孩這時會露出驚訝的表情，然後開始微笑、大笑，甚至哭泣，那是特別感人的經驗。你不妨可以看看，只要在 YouTube 搜尋「啟動人工耳蝸（cochlear implant activations）」，然後準備好面紙。

到了扎克真正的「聽力生日」那天，他和父母都很平靜輕鬆。事實上，他們甚至輕鬆到沒錄下當時的畫面，這是扎克母親少數的憾事之一。

當然，正如所有的第一個生日，人工耳蝸啟動日，只是通往說話目標的起步。雖然父母通常相信（即使得到的諮詢結果與此相反），從啟動裝置到開口說話，過程會一帆風順，最多花個幾天而已，事實卻並非如此。植入人工耳蝸的孩子，就跟先天聽得見的新生兒一樣，必須花大約一年的時間吸收，學習理解周遭世界的聲音。這並不總是那麼容易。植入人工耳蝸前，扎克聽不見摩托車呼嘯而過的聲音；植入後，他可以聽見輕聲細語。儘管聽見了聲音，他的大腦對聲音代表的意義，仍舊毫無頭緒。這是扎克和所有植入人工耳蝸的孩子，在開始說話以前必須學習的事。

扎克家中充滿談話、閱讀與歌唱。雖然父母發誓他的進展完美，在我看來卻不明顯。每次門診，即使我用玩具、貼紙或其他東西賄賂，企圖慫恿他吐出隻字片語，總是無功而返。所以只有透過扎克三歲時發生的滑稽事件，我才發現，是的，扎克真的會講話了。

一場小提琴演奏會名為「聲音的禮物」，由芝加哥交響樂團成員演出，向人工耳蝸植入專案表示敬意，許多參與專案的家人都到場聆聽。音樂流瀉在我們醫院大廳，人們轉來轉去，自行取用在一張長桌上堆得高高的餅乾與各式美食。就是在這張桌子，我得到扎克會說話的鐵證。因為在布朗尼和餅乾之間的某處，在帕格尼尼或貝多芬曲目進行的中間，冒出了小孩高亢的笑聲，以及響亮愉快的呼喊：「哦，爸爸放屁！」就在那一刻，我知道扎克的發展會很順利。

現在扎克是融入主流教育的公立小學三年級生，他只有接受一名聽力專家的外部教育服務，以確保人工耳蝸裝置運作良好。他跟著同年級的程度學習，包括閱讀與數學；他和朋友玩，跟姊姊打架；而扎克那務實認真、充滿關愛的父母，並未給他半點特殊待遇。他只是個九歲的男孩，擁有發揮潛能的智力、精神及各種跡象。他的未來不會因聽力損失而受限。從許多方面來說，他都是幸運的。

如果扎克早生個二十年，生在一九八五年，而非二〇〇五年，聽力損失就會限制他的未來。雖然沒有聽力，仍有許多方式可以活出快樂而滿足的人生，但人工耳蝸植入術的出現，改寫了扎克教育及生涯的選項。這主要是由於聽力對閱讀能力的影響甚大，也連帶影響後續的學習。這一連串骨牌效應，長達一生之久，影響顯而易見。針對先天失聰、僅透過手語接受教育成人所做的研究指出，過去他們平均的讀寫能力，是小學四年級的程度；而三分之一的失聰成人是半文盲。

當然這些統計數據並不足以代表某些幸運兒，他們成長於有豐富本國語言或嫻熟手語翻譯的家庭；這些數據也無法漠視失聰族群中，那些在藝術、科學和生命中大放異彩的人。不過失聰人士若缺乏成就，通常都跟一項事實有關，就是九〇%失聰兒的父母，即使關愛備至，但無法用手語溝通。因此在孩子關鍵的生命早期，容許大腦發展的神經可塑性處於最佳狀態時，必要的語言環境卻貧乏不足。

與此相比，扎克先天失聰，現在卻能跟上三年級的程度閱讀，而這年紀的表現，通常被視為長期學術成就的預測指標。扎克的案例是完美證據，精準集結了家長主動性、科技、醫療政策。

蜜雪兒

> 豐富的語言環境「如同氧氣。它容易被視為理所當然，直到你看見某人氧氣不足。」
>
> ——妮姆．塔特漢姆（Nim Tottenham），在此為冒昧引用她的佳句致歉

看見拼圖完美無瑕的組合完成，讓人領會機緣的美妙。若拼圖缺了一塊，則形成強烈對比。蜜雪兒的故事與我的轉捩點，就是從這裡開始。

七個月大的蜜雪兒，長得像日本動漫的女主角。她湛藍眼珠凝視的眼神，深情、慧黠而迷人；她的笑聲充滿喜悅。跟扎克一樣，蜜雪兒生來就聽不見，但擁有一切的潛能。由

於她缺失的那塊拼圖不易察覺，因此起初我並不知道它的存在。事實上，如果蜜雪兒比扎克早來，我可能會接受她的發展遲緩，將之視為科技的局限，或是簡單歸因於某些「就是無效」的事實。但扎克已經立了標竿，而蜜雪兒植入人工耳蝸後的發展狀況，並不如我所預期。

蜜雪兒的父親患有中度聽力損失，可以透過助聽器來矯正，主要歸因於瓦登伯格症候群（Waardenburg syndrome）這種遺傳疾病，其影響層面包括了聽力。跟同樣患有瓦登伯格症候群的蜜雪兒一樣，他有一雙間隔開闊的藍眼睛，以及正常的智力。我們團隊向蜜雪兒的母親蘿拉提供詳細的專業諮詢。她顯然極盡所能愛自己的女兒，但她周遭世界的負擔，包括失業、經濟拮据，再加上殘障兒，實在過於沉重。雖然我個人認為，助聽器可能無法解決蜜雪兒的聽損，但仍決定先嘗試看看；如果助聽器無效，我們都同意人工耳蝸是下一個選項。然而，蜜雪兒收到助聽器後不久，蘿拉就搬走了，我們的專業協助也隨之中止。一年後，蘿拉回來了，確認助聽器沒能發揮作用，並且決定聽從我們一開始的建議，植入人工耳蝸。

我仍清楚記得，蜜雪兒在她大約兩歲時的「聽力生日」。那時我們慶祝裝置啟動的方式，是送病人一個杯子蛋糕，以及一顆色彩鮮豔的氣球。畢竟那是歡慶的場合；但以蜜雪兒的個案來說，她的表現非常溫和、節制。當人工耳蝸啟動時，蜜雪兒只是繼續吃著她的杯子蛋糕，極少露出反應。儘管如此，「極少反應」仍和「無反應」很不一樣。蘿拉和我都很高興，蜜雪兒似乎能聽見，這表示她可以學說話了。

在植入人工耳蝸後，蜜雪兒的聽力被評估為「處於正常範圍」。聽力師和語言治療師都形容她像「海綿」，易於回應他們試圖引導她的事物。但其他某些事也顯而易見。蜜雪兒在測試間回應聲音時，並未使用（似乎也不了解）語言。蘿拉在家裡已注意到這點。我們最後終於明白，蜜雪兒雖然聽得見聲音，卻不了解其意義，似乎也無法學會理解聲音的意義。

所有協助蜜雪兒的專業人士，包括她的治療師與聽力師，為此非常憂心。在人工耳蝸植入團隊的會議中，我們討論了許多協助蜜雪兒及蘿拉的方式，包括讓她接觸更多的手語和口語，盡量加速她的語言發展，但這些療育方案無一奏效。扎克只是在我面前沉默不語，但蜜雪兒是確實沉默不語，她的問題嚴重且複雜許多。

究竟是哪裡出錯了？我已經把「聽力」這禮物給了兩名失聰兒，為何人工耳蝸植入術無法徹底解決說話、學習及融入世界的問題？導致扎克與蜜雪兒結果不同的主要差異是什麼？這個問題的答案，帶我離開失聰人士的世界，進入所有人身處的廣大世界。因為導致扎克與蜜雪兒學習能力差異的因素，跟決定一般人能否發揮學習潛力的因素，基本上都是相同的。

重大的差異

小學三年級的閱讀程度，通常能做為兒童最終學習軌跡的預測指標。正在讀三年級的扎克，跟著同年級的程度學習與活動。

蜜雪兒也正在讀三年級，不過讀的是綜合溝通班。雖然她植入了運作良好的人工耳蝸，卻只用極少數的口語進行活動，僅能掌握基本的手語；期望她真正會說話，是遙遠的夢想。此外，蜜雪兒在三年級的閱讀能力，只勉強達到幼兒園程度，而那就是她未來人生的預測指標。

人工耳蝸能創造奇蹟的希望，為何對這名潛力無窮的聰穎小女孩竟起不了作用？

事實證明，已經出錯的地方，比我意識到的更常出錯。當我和團隊參訪芝加哥學校的聽障班級，以更加了解我們病人的學習狀況時，真相變得顯而易見。我們參訪的班級分為以口語為主要溝通形式的「口語（Oral）」班，以及以手語溝通為主、口語為輔的「綜合溝通（Total Communication）」班。我理所當然的認為，所有早期被我植入人工耳蝸的孩子，會被編進專門的口語班。結果證明我錯得離譜。

綜合溝通班有九名學生，就坐在排成半圓形的書桌前，面對向他們比劃手語的老師。寂靜排山倒海而來。

然後我看見蜜雪兒——從她的藍眼珠就能認出來。我走過去給她一個擁抱。蜜雪兒不知道我是誰，只是抬起頭，帶著困惑而害羞的微笑看著我。她不再是我初見時活潑的小小學步兒，光芒似乎已完全黯淡，而這是有原因的。老師告訴我，蜜雪兒之前曾經歷過的艱難，包括沒帶午餐來上學、穿著骯髒的衣服，還有最重要的是，無論使用口語或手語，都無法良好溝通。我看著蜜雪兒可愛的臉龐，很難說這是失聰還是貧窮的悲劇。但無庸置疑，我知道自己看見暴殄潛能的悲劇。

兩個帶著極相似潛能的小嬰兒，同樣來到我面前，卻產生天壤之別的結果。是的，他們的背景完全不同，但社經地位從未攔阻一個孩子學習說話。身為一名外科醫生，曾經投注極大信心於這塊「恰到好處」的魔法拼圖、曾經盛讚先天失聰兒的黃金時代已然來到的我，極度震驚，自慚不已，然後更重要的是，重新下定決心。

當年我立下「希波克拉底誓詞（Hippocratic oath）」，表示我的責任並不是在手術完成時了結，而是在我的病人安好時了結。我無疑意識到，這正是我跨出手術室舒適圈的時候。

芝加哥大學，了不起的家

在芝加哥大學，我周遭都是頂尖的醫學家及社會科學家，包括諾貝爾獎得主，他們當中的許多人，都在尋找世上最棘手問題的解決方案。重要的是，要承認我從來就不是其中的一份子。我的世界就是手術室，終極目標是植入人工耳蝸裝置，把聽力帶給失聰兒，確保裝置運作正常，給孩子一個擁抱和一個親吻，然後假設一切順利。

實在有太多的假設。

我們呱呱墜地的人生，全靠運氣。沒有一個出現在這世界的嬰兒，知道未來有什麼在等著自己；沒有一張清單讓你知道，可以期待自己生命中會出現什麼，沒有一張選單向你說明，這欄目有一項，那欄目有兩項等。可是從第一天開始，那些無法控制的因素，就對我們的整個人生，造成不可磨滅的影響。此外，雖然社經地位與一個孩子是否被愛、是否有希望他快樂滿足的父母、是否有龐大的潛力無關，但確實跟他的教育程度、健康狀態及病情演變有關。

我從跨出手術室走進廣闊的社會科學世界，學到了這一點。「健康落差（health disparity）」與「健康的社會決定因素（social determinants of health）」這兩個專有名詞，事實上幾乎跟每一種疾病有關，從癌症、糖尿病到鮮為人知的問題，像是跟年齡有關的失去嗅覺（presbyosmia），而貧窮者的病情顯然更嚴重。我從芝加哥大學優異而令人敬重的同事那裡，了解到蜜雪兒的問題與其出身有關。但知道了這一點，又引發其他的問題。難道我們沒有解決辦法？難道我們只能這樣，然後繼續去找其他未來更有希望的病人？若你讀過艾瑪．拉撒路（Emma Lazarus）刻在自由女神像裡的詩，「將你疲乏的、貧困的子民……你熙攘海岸上無處容身的可憐人，交給我。」你就會知道，下一句並不是接受歷史的「必然發生」，而是透過尋求解決之道，改變那個「必然發生」。

對一名外科醫生來說，試圖尋求一項社會問題的解決之道，意味著必須離開熟悉的醫院和手術室，有點像是計劃登陸月球。我去上班的路，常會穿越以「方院」聞名、美麗如畫、富歷史性的一片哥德式石雕建築，而被稱為「巨人」的芝加哥大學研究員，就在這裡從事他們的思考、教學與研究。正是這個致力於探索人類行為複雜性的研究員社群，讓我了解蜜雪兒的語言發展為何不如預期，更重要的是，我可以提供怎樣的協助。

蘇珊・萊文（Susan Levine）和蘇珊・戈登－梅鐸（Susan Goldin-Meadow），是芝加哥大學的心理學教授、同事、多年老友及隔壁鄰居。她們已共事四十年，探討兒童如何學習語言。這兩位教授開啟了我的雙眼，或者更確切的說，她們給了我一副新鏡片去看世界，特別是「語言習得（language acquisition）」的世界。

在一個嚴寒刺骨的冬天，我旁聽戈登－梅鐸在大學部開設的「兒童語言發展入門」課程。通常從診所出來就已經快遲到了，因此我匆匆穿過方院，厚重的外套遮住我的白色實驗袍，白袍又遮住我的綠色手術服。在舊式的會議廳中，陡峭傾斜的課桌椅呈漏斗狀，向下通往講台。彷彿靠近一點，就可以彌補那無法有著像身旁學生迸發激情的神經元，我通常坐在前排，聆聽學生們慷慨激昂辯論喬姆斯基（Noam Chomsky）與史金納（B. F. Skinner）兩派對立的語言習得理論。人們是否如喬姆斯基所說，生來都配有「語言習得裝置」——一種將語言與語法規則預載入腦部的內建硬體，學習語言是與生俱來的生物命運？還是如史金納所說，學習語言並非天生，只是成人強化的現象，最後引導孩子進入可接受的語言模式？這些問題與手術室裡切開、縫合傷口的場景遠遠不同，但如今它們無疑成為我世界的一部分。我敏銳覺察，等待著我需要的洞見出現，好幫助我所關心的孩子們。

哈特與萊斯利

在上戈登－梅鐸的課以前，我應該沒聽過哈特與萊斯利，而在課堂上初次聽見這兩個名字時，我也不知道他們後來對我的重要性。貝蒂．哈特（Betty Hart）與塔德．萊斯利（Todd Risley）是一九六〇年代堪薩斯大學（University of Kansas）的兒童心理學家，他們希望找到方法，改善低收入家庭孩子的學業成就。他們設計專案，包括加強字彙的密集課程，起初似乎有效；然而，到孩子進幼兒園前接受測試時，正向效應已經消失。哈特與萊斯利決心尋找背後成因，於是進行一項指標性研究，該研究促使人們了解一個關鍵：早期語言環境，對孩子的長期學習軌跡相當重要。

貝蒂．哈特和塔德．萊斯利與眾不同之處，不只是研究結果，而是他們竟然做了這項研究。因為當時的傳統觀念是：「如果你做得好，那是因為你聰明；如果你做得不好，那是因為你不聰明。」就這麼簡單。出身貧窮的孩子與出身較富裕的孩子，他們不同的軌跡，長久以來被公認為無法改變的事實。鮮少有人尋求原因，因為大家都知道是為什麼：基因。

哈特與萊斯利改變了這點。在他們開創性的研究中，發現了其他答案去回應「為什麼」這關鍵問題。研究顯示，出身貧窮的小孩與出身較富裕的孩子，兩者語言環境差異極大，而這些差異，可能與日後的學習表現有關。

此外，雖然低社經地位家庭孩子聽到的語言，遠少於高社經地位家庭的同儕，但量並不是唯一的差異。哈特與萊斯利發現，兩者在質的部分，也出現顯著差異，亦即要注意對孩子說哪種類型的話語，以及用何種方式說。這項研究終於確認，造成差異的主因是語言接觸，而非社經地位。哈特與萊斯利發現，無論小孩的學業表現多好或多差，早期的語言環境是重要因素。一切都歸結到話語。

由於哈特與萊斯利，人們開始認識早期語言環境的重要性：從出生到三歲，小孩聽見的話語，在質與量兩方面，可能跟最終教育成就可預測的懸殊差距有關。

萬事俱備

哈特與萊斯利研究的孩子是生來就聽力正常，但其實與先天失聰、植入人工耳蝸的孩子無異。

這些植入人工耳蝸的兒童，如果家中語言環境豐富，表現就良好；若家中語言環境貧乏，表現就沒那麼好。感謝有許多矢志奉獻的科學家，讓我了解到語言發展所需要的，不僅是聽見聲音的能力；學到聲音有其意義才是關鍵。因此，小小孩必須生活在一個充滿語言、語言及語言的世界。

雖然我給了我所有病人同樣的聽覺能力，但是對於出生在這樣家庭的孩子——在談話較少、反應較少、詞彙量變化也較少的情況之下，促使關鍵腦部連結所需的有意義聲音並不足夠。

人工耳蝸確實不可思議，卻非遺失的那塊拼圖。更確切的說，它只是一條管道、一個途徑，帶孩子通往不可或缺的那塊拼圖——親子對話的神奇力量。無論孩子是生來就聽得見，還是透過人工耳蝸獲得聽力，「親子對話」對他們都一視同仁。沒有語言環境，聽力不過是被白白浪費的禮物；沒有語言環境，孩子不可能達到最佳狀態。

我相信來自任何家庭、任何社經地位的嬰兒或孩子，都值得擁有發揮最高潛力的機會。我們要做的，只是讓它發生。

而我們做得到。

那就是這本書要說的。

2

第一個字

親子對話的先驅

永遠不要懷疑，一小群深思熟慮、盡忠職守的公民，可以改變世界。事實上，世界的改變，向來全靠他們。

——瑪格麗特．米德（Margaret Mead）

一九八二年，來自堪薩斯州堪薩斯市的兩名認知社會科學家，貝蒂．哈特與塔德．萊斯利，提出一個非常簡單的問題：他們為協助高風險學前兒入學準備所執行的創新專案，為何失敗？透過密集增加孩童的字彙，以提升他們的學業潛力，看起來是完美解決方案。實際上並不是。

哈特與萊斯利的專案成果，起初振奮人心。由於察覺語言對孩子學業成就的重要性，他們在療育課程中，納入嚴格的字彙訓練。課程目標是提高孩子落後的字彙量，如此一來，當他們進幼兒園時，就可以跟做好充分準備的同儕不相上下。一開始，哈特與萊斯利的確看到了希望，「猛增新的字彙……在累積字彙的成長曲線上……突然加速。」雖然孩子們因療育課程增加了字彙，但很快就發現，他們實際的學習軌跡依舊一樣。而在進幼兒園以前，那些正向效應已經消失，這些孩子與沒參加學前密集課程的人，表現並無二致。

哈特與萊斯利的希望，如同他們那世代許多人的希望，就是透過學前教育，打破「貧窮循環（cycle of poverty）」。他們積極參與前總統林登・詹森（Lyndon Johnson）「向貧窮宣戰（War on Poverty）」政策，可說是當代楷模與榜樣，致力於「不僅減輕貧窮症狀，更要治療貧窮，最重要的是，預防貧窮。」

他們尋求答案的行動，始於一九六五年。當時美國多處爆發種族暴動與內亂，哈特、萊斯利和堪薩斯大學的同事開會，設計出「杜松園兒童專案（Juniper Gardens Children's Project）」，目的是徹底改善窮困孩子的學業成就。專案在總部戴維斯酒品店的地下室展開。他們最終的設計是結合「社區行動與科學知識」，並納入嚴格的字彙密集課程，以此提升孩子的入學準備與學業潛力。

這項一九六〇年代專案的低畫質影片，還保存在YouTube上，名為「先鋒——杜松園兒童專案（Spearhead—Juniper Gardens Children's Project）」。影片中，年輕的萊斯利穿著窄版黑西裝及領帶，刻意走進他們的「實驗」幼兒園。在一間教室裡，年輕、面帶微笑的哈特，則以女老師姿態坐在地板上，與圍坐成圈的四歲孩子們一起朗朗閱讀。影片高昂的語調吻合他們的期待，「藉由改善日常經驗，可以解決迫切的社會問題。」影片在漸強的音樂和戲劇性的旁白中結束，「這是一個小小的進展，杜松園的先鋒，在這裡，社區研究試圖克服障礙，使貧困社區的孩子，不再與其他富足地方的孩子分隔。」

杜松園兒童專案的失敗，能輕易歸因於當時盛行的答案，也就是基因或其他無法扭轉的因素。但哈特與萊斯利無法欣然接受這種「傳統觀念」。他們拒絕接受研究結果是普遍認定的答案，於是堅持尋找失敗的原因。他們設計的研究打開了一扇大門，讓人們了解到，一般認為「孩子為何失敗」的想法有其缺陷。而曾被視為無法改變的情況，其實具有改變的潛力。

浪漫派

史帝夫・華倫（Steve Warren）形容哈特與萊斯利是「浪漫派」。目前在堪薩斯大學擔任教授的華倫，是在一九七〇年代初遇哈特與萊斯利，當時他還只是一位年輕的研究生。

他所說的「浪漫派」，並非「不切實際」的浪漫派。哈特與萊斯利不受當時的流行看法影響，將「向貧窮宣戰」政策的失敗歸咎於基因，並且拒絕放棄那些被社會認定不可能有作為的人。他們化身偵探並提出問題，似乎激發出解決長期難題的方案。

他們提出的兩個問題是：

1. 在嬰幼兒每週醒著的一百一十個小時生活中，發生了什麼事？
2. 在那段時間發生的事，對小孩最後的發展有多重要？

這兩個問題，帶出令人不可思議的領悟。

「（完全）沒有文獻（探討嬰幼兒的日常生活）……一份也沒有……當你仔細去想，不免會感到震驚。」

或許曾有若干文獻，但好像都缺乏動機，直到哈特與萊斯利的研究，才開始追求答案或解決之道。

也是革命

根據哈特與萊斯利的見解，早期的語言接觸，對孩子最終學習成就具有影響力，這是社會思想向前邁進的驚人一步。同一時期，喬姆斯基與史金納之間著名的「語言之戰」，他們辯論習得語言的問題，也並未透露「語言接觸」是其中一項因素。

「語言之戰」這場純理性探討的辯論，對峙雙方分別是喬姆斯基的基因預接腦部理論（或稱「天性」），以及史金納的操作制約理論，即負增強與正增強是習得語言的先決條件（或稱「教養」）。最令人難以置信的是，雖然史金納在辯論中是「教養」方，他的理論卻絲毫沒提到透過父母給予的語言接觸。史金納基於理論提出的「操作制約」，反倒認為小孩的語言習得是增強的結果，他的「老鼠壓桿實驗」與巴夫洛夫（Pavlov）的類似，沿襲獎賞與懲罰的慣例。

另一方面，喬姆斯基的理論指出，人類有一個「語言習得裝置」，由基因預接到腦部。他相信大腦「編碼」可以解釋，幼兒為何能在早期迅速習得語言。喬姆斯基將史金納的假設斥為「荒謬」，並且提出質疑，小孩能在這麼短的時間內習得複雜文法，怎能用過分簡化的獎賞與懲罰理論來解釋？

喬姆斯基的理論獲得普遍接受，這表示比起教養，人們更認同遺傳對人類發展的重要性。因此，大眾對探討語言發展落差的興趣與支持甚少。以往語言習得的研究對象，主要來自於中產家庭的嬰兒及孩童，然後將研究發現推論到所有兒童，鮮少有人去檢視兒童發展的差異性。雖然「語言之戰」的辯論持續至今（我可以證明這點，因為在旁聽戈登－梅鐸的兒童語言發展課程時，曾親眼目睹慷慨激昂的討論），但哈特與萊斯利首先意識到，早期語言接觸對智力發展的重要性，他們厥功甚偉。

塔德・萊斯利：把事情做好並收集資料

哈特與萊斯利都相信，科學的存在是「為了創造社會福祉」與「協助找出人類嚴重問題的解答」，但在許多方面，他們的性格南轅北轍。事實上，或許正是因為兩人的相異之處，所以使他們能採取一種非常創新、不被接受的想法，並且進一步把它變成世界知名的標竿研究。

「應用行為分析（applied behavioral analysis）」是指，將科學所研究的人類行為，應用到解決社會問題上。萊斯利是發展心理學家，也是該領域的創始人之一，他奉獻自己的專業生涯，致力於了解如何透過各種干預來塑造人類行為。

萊斯利畢生的同事詹姆斯・謝爾曼（James Sherman）認為，「他的天賦，在於看穿……盤根錯節的混亂……直指問題核心」以解決問題。換言之，萊斯利為錯綜複雜的行為迷宮鋪平了道路。

貝蒂・哈特：完美的夥伴

在華倫的口中，哈特是「獨一無二的天才」。她保守、害羞，配戴的大副眼鏡使其臉龐更顯消瘦，哈特在一九六〇年代曾是萊斯利的研究生。他們成為同事後，彼此間的關係並未改變；甚至兩人在成為研究夥伴之後，哈特仍然尊稱萊斯利為「萊斯利博士」。在她溫和的學術外表後面，有著力求資料精確詳實的頑強毅力，而這些特質驅策他們實現研究願景。

一九八二年，萊斯利離開堪薩斯市，回到家族在阿拉斯加定居四代的家園「萊斯利山」，成為阿拉斯加大學安克拉治分校的心理學教授。萊斯利離開後，日復一日的研究重擔就落在哈特身上。

研究：發現三千萬字的差距

來自各社經階層的四十二個家庭，獲選參與他們的研究。他們從孩子約九個月大開始，追蹤到三歲為止；社經水準是由家庭職業、母親受教育年數、雙親最高學歷，以及申報的家庭收入，以此分成十三個「高」社經地位家庭、十個「中」社經地位家庭、十三個「低」社經地位家庭、六個社會福利家庭。所有家庭不可或缺的先決條件是「穩定性」（或者說「固定性」）：這一家有電話嗎？有住處嗎？預計未來會停留在同一個地方嗎？

起初有五十個家庭參與研究，但後來數目減少，因為有四個家庭搬走，又有四個家庭「缺乏足夠的觀察，資料無法被納入集體分析」。從事後來看，這些家庭或許正能代表資料分析的重要數據。

由於哈特與萊斯利認定他們的研究是從科學起跑，因此決定確實記錄每件事。

「因為我們無法確切知道，是（小孩日常經驗中的）哪個面向促成……語言發展，（收集到的）資料愈多……愈可能得知。」

研究費時三年。在這段期間，每月一次，每次一小時，由研究觀察員錄音並製作筆記，記錄每件「小孩做的、別人對小孩做的、小孩周圍發生的」事情。哈特與萊斯利組成的團隊盡心竭力，根據紀錄，在整個研究過程中，沒人休過一天假。經過三年煞費苦心而鉅細靡遺的觀察後，哈特與萊斯利又另外花三年分析資料，「終於準備好闡述這一切代表的意義」。

在現今這時代，我們瞬間就能取得電腦的即時答覆，而哈特與萊斯利的團隊，必須多耗費三年，用兩萬個工時去分析資料，聽起來幾乎令人難以置信。

多數工作落在哈特身上。萊斯利曾在提到哈特時，稱呼她為「領班」；不過對我而言，哈特是無名英雄。她在資料收集與分析上，鍥而不捨又力求精準，這項早期兒童發展最重要的一項研究能夠圓滿完成，哈特實在功不可沒。儘管哈特與萊斯利證明了，真正的天才很少是獨行俠，我也相信如果沒有哈特，絕不會出現完整的研究。

雖然哈特與萊斯利的研究初衷，是為了尋找差異，但最令人意想不到的發現，卻來自不同社經地位家庭的相似之處。哈特與萊斯利說：「發展，使所有的孩子看起來相似。我們看見一個家庭的孩子開始說話，就知道也會看到其他孩子（做同樣的事）。」

家長也很相似。「養育孩子使所有的家庭看起來相似。」他們發現，家長「培養孩子適應社會生活，符合共同的文化標準，例如：『說謝謝。』『要上廁所嗎？』之類的。」根據哈特與萊斯利的報告，來自不同社經群體的所有家長，都希望做正確的事，也都在養育獨立個體的艱辛中努力掙扎。

「我們意想不到的是……這些父母都自然駕輕就熟。我們也看見語言學習最佳情境的規律。」哈特與萊斯利寫道。最後，他們研究的所有孩子都「學會說話，成為應對進退得宜的家庭成員……具備進幼兒園必要的一切基本技能。」

然而，資料雖然有廣泛的相似之處，卻也顯示令人注目的差異。其中一項差異，是從一開始就觀察到的情況：一個家庭對比另一個家庭的說話字數。

「只過了六個月……觀察員就可以預測，自己（在每個家庭）需要幾個小時的錄音謄本，並開始（輪流拜訪）『話多』的家庭，以及那些經常保持沉默的家庭。」在每次一小時的會面中，觀察員發現，有些家庭會花四十分鐘以上的時間跟孩子互動，其他家庭的親子互動時間，則不到他們的一半。

日積月累下，彼此間的差異令人震驚。而這也與不同的社經地位有關。

在一小時內，最高社經地位家庭的孩子，平均會聽到兩千個字；而社會福利家庭的孩子，大約聽到六百個字。家長回應孩子的差異也引人注目，最高社經地位的家長，每小時約回應孩子兩百五十次；社會福利家庭的家長，在同樣時間內只回應不到五十次。而最重大且最令人憂心的差異，則是「口頭肯定」，最高社經地位家庭的孩子，每小時約聽到四十句口頭肯定；社會福利家庭的孩子，大約只聽到四句。

這些比例，在整個研究過程中保持一致。在前八個月觀察期，家長對孩子說話的數量，可以預測他們在孩子三歲時，對孩子說話的數量。換句話說，從一開始到研究結束，說話的父母會繼續說話，而從不增加與孩子口語互動的父母，即使孩子開始說話，依舊沒有改變。

這些研究資料回答了最重要的問題：「孩子最終的學習能力，與生命最初幾年聽到的話語有關嗎？」經過三年費心的分析，結論無庸置疑，是的。哈特與萊斯利向當時流行的看法提出反駁，指出建構孩子學習能力的主因，不是社經地位，也不是種族、性別或排行，因為即使是在同一群組內，不論是專業人士家庭，還是社會福利家庭，都存在著語言差異。

決定孩子未來學習軌跡的基本要素，是「早期的語言環境」，也就是家長對孩子說多少話，以及使用怎樣的方式說話。孩子若生長在擁有大量「親子對話」的家庭，無論家中教育或經濟地位如何，表現都會比較好。就這麼簡單。

哈特與萊斯利的研究結果

從十三個月大到三十六個月大	
・來自專業人士家庭的孩子聽到	487 句話／小時
・來自勞工階級家庭的孩子聽到	301 句話／小時
・來自社會福利家庭的孩子聽到	178 句話／小時
推斷一年的驚人差異	
・來自專業人士家庭的孩子聽到	1100 萬字／年
・來自社會福利家庭的孩子聽到	300 萬字／年
總共相差	**800 萬字／年**

三千萬字累計的差異

三歲結束前聽到的字數	
・來自專業人士家庭的孩子聽到	4500 萬字
・來自社會福利家庭的孩子聽到	1300 萬字
總共相差	**3200 萬字**
小孩三歲時能使用的字彙差異	
・來自專業人士家庭的孩子	1116 字
・來自社會福利家庭的孩子	525 字
總共相差	**591 字**

真正的差異

- 智商
- 字彙
- 語言處理速度
- 學習能力
- 成功能力
- 發揮個人潛能的能力

人類大腦的基本連結，也就是所有思考與學習的基礎，大都發生在生命的前三年。拜縝密的科學之賜，我們現在知道，最佳的大腦發展狀態取決於語言。而一個人聽見的話語、聽見多少話語，以及話語是以什麼方式說出來，則是語言發展的關鍵因素。關於這點的重要性，再怎麼強調都不為過，因為一旦忽略這段時期，就是永遠錯過。哈特與萊斯利檢視他們的資料，確認了早期語言對孩子的影響力，貧乏的早期語言環境，為孩子帶來的負面影響極其關鍵，包括對習得字彙的影響。更重要的是研究已證實，它會對孩子三歲時的智商造成影響。

「除了少數例外，家長對孩子說的話愈多，孩子的字彙量（成長得）愈快，在三歲及之後的智商測驗成績也愈高。」

但「話語數量」只是這方程式中的一部分。孩子聽到的字數固然重要，但命令句與禁止句，似乎會抑制孩子習得語言的能力。

「當（小孩與父母的互動是）家長以『不要』、『結束』、『停止』等命令句開始時，我們發現這對孩子的發展，會產生強大的抑制效應。」

還有另外兩項因素，對語言習得與智商似乎也造成影響。其一是孩子聽到的「字彙變化」，如果變化愈少，孩子三歲時的成績愈低；其二是家庭的「對話習慣」。哈特與萊斯利發現，較少說話的家長，會養出同樣話少的孩子。

「我們看見所有孩子長大後，言行舉止都像他們的家人。」即使「孩子學會說話，具備能說（比在家聽到）更多話的必要技巧，還是不會多說；他們的說話量，跟在家聽到的數量完全相同。」

關於語言對學習的影響，哈特與萊斯利可能已有預感，不過他們也都對之前預測的準確度，感到不可思議。六年後，他們與同事戴爾．沃克（Dale Walker）重新檢視那群孩子，發現孩子三歲前曾接觸的說話量，也預測了他們九歲和十歲時，所表現的語言技巧及在校測驗成績。

研究發現，對語言、在校表現及智商影響最大的因素，並不是社經地位，這點的重要性不容小覷。哈特與萊斯利極具開創性的研究，以及有力的統計數據顯示，孩子之所以出現後來的「成就落差（achievement gap）」，初步因素是「早期語言接觸的差異」。儘管這些資料乍看之下，成就落差似乎與社經地位有關，但縝密的分析顯示，這其實跟孩童早期的語言接觸息息相關，也通常（但不一定）跟社經地位有關。

但也許他們最重要的研究發現是：「孩子缺乏學業成就是嚴重的問題，不過透過設計良好的課程，或許能予以修正。」

我們能相信他們的研究結果嗎？

我向朋友兼研究夥伴弗拉維奧．庫尼亞（Flávio Cunha）提出這個問題，他是萊斯大學經濟學副教授，將研究重點放在「貧窮的因果關係」。庫尼亞不僅聰明（這是他經常獲得的評價），為人還很善良，集各種美好特點於一身。庫尼亞是經濟學家詹姆士．赫克曼

（James Heckman）[1]的門生，他對哈特與萊斯利的研究評論如下：

他認為該研究的問題在於，哈特與萊斯利以三十個一小時的錄音樣本，來判斷一個孩子的全部字彙量。「這就好比說，你用在這本書的字彙，就是你全部的字彙量，因為那是我唯一能觀察到的。」此外，雖然所有錄音時間都一樣長，但因為有些孩子較少說話，我們其實無從確知那些孩子還認識其他多少字彙。更重要的是，應該衡量家長說話方式造成的影響，因為家長說較多話的家庭，孩子通常回應也較多；在家長話不多的家庭，孩子也比較不可能話多。在這種情況下，與其說錄音能「評估孩子習得的字彙」，更傾向「家長的說話方式，如何鼓勵孩子說話或不說話」。

但根據庫尼亞的看法，確實有兩項重要因素，增加了研究結果的可信度。首先，他們使用既有的智力發展量表，包括史丹福–比奈智力量表（Stanford-Binet Intelligence Scale）；更重要的是，他們將長期追蹤資料實體化。哈特與萊斯利的研究和結論有力證實，早期語言會影響入學準備度及長期成就。

[1] 作者注 諾貝爾獎得主，他以科學證明「投資童年早期，能節省大量社會成本」這個觀點。

但僅用兩年半研究四十二個孩子，並且每月只觀察一小時，就能做出如此強而有力的結論嗎？每個孩子被錄下的那三十個一小時，能否代表其他醒著的一萬五千個小時？重要的是，那三十個一小時真能預測孩子的未來嗎？

或者，這類似馬克·吐溫所說的三種謊言——謊言、該死的謊言、統計數字？

哈特與萊斯利研究的整體目標，是觀察孩子早期生命的因素，與其日後的在校表現是否有關，若真是如此，那設計良好的課程，能否改善孩子後來的學業成就？更確切的說，哈特與萊斯利想要知道，較高社經地位家庭的孩子，早期經驗中是否有某些因素，使他們行在卓越的正軌上，而那是貧窮孩子的家庭所欠缺的。

起初，他們有些憂心對資料的廣義詮釋，可能遠超過研究的實際範圍。正如他們在〈早期的災難〉（*The Early Catastrophe*）一文中所說：「研究員告誡，切勿將發現結果，推論至研究並未涵蓋的人與環境。」但最後哈特與萊斯利都同意，研究資料證明孩子的早期語言經驗，能夠預測其最終學業成就，甚至暗示可能有改善問題的方案。

事實上，哈特與萊斯利可能低估其發現的重要性。因為要求參與研究者必須具備「固定性」與「穩定性」的必要條件，他們排除由威廉·朱利亞斯·威爾森（William Julius Wilson）提到的所謂社會「真正的弱勢團體」，如語言人類學家雪莉·布里斯·希斯

（Shirley Brice Heath）於一九九〇年所述，那群孩子住在「公共住宅，跟單親媽媽在一起……幾乎處於無聲無息的寂靜中」。倘若研究涵蓋這個階層，哈特與萊斯利可能會發現，語言落差甚至大於三千萬字。

只跟數量有關嗎？

即使缺乏科學根據，一般人憑直覺也能知道，對孩子說「閉嘴」三千萬次，並不能讓他發展為聰穎、具創造力、穩重的成年人。哈特與萊斯利證實了這點。在話語量多的家庭，也擁有其他基本要素，包括更豐富、複雜與多變的語言。而最為重要的是，這些家庭還擁有另一項特徵——肯定的回饋，使孩子聽到更多正面而鼓勵的語言。也許哈特與萊斯利有意識到量與質的重要整合，因此將書取名為《意味深長的差異》（*Meaningful Differences*）。

他們的研究回答了另一項問題：說較多話的家庭，是否自然會使用較豐富的語言？事實上資料顯示，語言的數量會帶動品質，家長說得愈多，字彙就會變得愈豐富。換句話說，無論家長的社經地位如何，如果被鼓勵多說一點話，他們的語言品質幾乎必然隨之提升。「我們不必……叫家長……用不同的方式跟孩子說話，」萊斯利表示，「我們只需要幫助他們多（說）一點」，一切就會自然發展。

天普大學（Temple University）心理學教授凱西・赫胥－帕賽克（Kathy Hirsh-Pasek）與德拉瓦大學（University of Delaware）教育學教授蘿貝塔・葛林考夫（Roberta Golinkoff），已經證實語言品質的重要性。兩人的研究重點是了解「嬰幼兒如何學習語言」。她們與同事羅倫・亞當森（Lauren Adamson）及羅格・巴克曼（Roger Bakeman）教授發現，語言品質相當重要，因為它能讓孩子接觸更多種類的話語。赫胥－帕賽克認為這是早期語言學習「溝通基礎」的關鍵要素。她將這基礎比喻為「對話二重奏（conversational duets）」，包括母子分享互動的三項重要特徵，確實都與家庭的社經地位無關：

1. **注入符號的共享式注意力（Symbol-infused joint attention）**：母親與孩子兩人分享一項活動時，都使用有意義的話語及手勢。
2. **溝通流暢性與連結性（Communication fluency and connectedness）**：在互動的過程中，使母親與孩子建立關係。

3. **慣例及儀式（Routines and rituals）**：玩「輪到我，該你了」的遊戲，或是安排例行活動比如：三餐或就寢時間。

赫胥－帕賽克認為，這些溝通要素的交互作用，創造出語言學習的最佳情境。她還強調，自己的研究成果是來自該領域許多人的智慧結晶。

量與質的密切結合，以及閒聊的重要性

哈特與萊斯利在《意味深長的差異》中，除了強調話語數量外，也釐清它們的功能，分為「談正事」與「談其他事」兩類。談正事是為了「完成生活中的工作」，推動生活前行；談其他事則是自發性的「閒聊」，屬於錦上添花。

「談正事」的話語

- 下來。
- 把鞋子穿起來。
- 把晚餐吃完。

「談其他事」的話語

- 好大的樹啊！
- 這冰淇淋好好吃。
- 誰是媽咪的大寶貝呀？

在哈特與萊斯利研究的幫助下，「談其他事」（生活中的閒聊）獲得了應有的關注。在那以前，若非獨具真知灼見的社會科學家——像是哈佛教授凱瑟琳．斯諾（Catherine Snow），一般人不會去深思這種閒聊，例如：母親對正在吃蘋果的兩歲大孩子說，咀嚼鮮紅多汁的蘋果會發出「咯吱咯吱」的清脆聲；或是在為嬰兒換尿布時，五音不全的唱著：「誰是媽咪的可愛臭寶貝？」但哈特與萊斯利卻發現，這正是孩童早期語言環境的重大差異。來自各社經階層的孩子，都必須完成生活中的工作，也就是說，必須「坐下」、「睡覺」、「吃晚餐」；但不是所有孩子都經驗過自發性的逗弄，而這種趣味橫生的交談，似乎對孩童發展特別有影響力。

在其他事情也顯而易見。起初各個社經群體中，所有類型的談話量幾乎相等，但談話的持續性、口語上的來回互動，則因社經地位顯出差異。較高社經地位的家庭，往往會延續之前已經展開的口語互動；低收入的家長則是展開話題，但一下就結束，像是一句話，一個回應，然後什麼都沒了。這項差異至關重要，因為「談其他事」的話語蘊藏許多養分，有助於大腦良好發展。這種持續的親子口語互動，被哈特與萊斯利稱為「社交舞」，伴隨每個腳步或回應，口語的複雜性會增加，並且進一步強化孩子的智力發展。

然而，對我來說，最關鍵的差異在於肯定句（「做得好！」）與禁止句（「停下來！」）的使用。

較高社經地位的家長，當然也會訓斥他們的孩子，不過頻率遠少於最低社經地位的家長。較貧窮家庭的孩子，每小時聽到的負面評語量，超過專業人士家庭孩子兩倍，而隨著孩子聽到話語總量的差距，這項差異只會加劇。因為較低社經地位家庭的孩子，能聽到的話語總量少了很多，因此在這樣的情況下，禁止、負面話語的比例，遠遠高過正面、支持話語。

哈特與萊斯利的研究還發現，較低社經地位家庭的孩子，他們所接收到的口頭鼓勵，例如：「你是對的！」「很好！」「你好聰明！」也比富裕的同齡孩子少得多。專業人士的孩子，每小時大約接收到三十次肯定，差不多是勞工階層孩子聽到的兩倍多，更令人痛心的是，這比社會福利家庭孩子聽到的多出五倍以上（見下一頁的表一）。

請注意，社會福利家庭孩子跟專業人士家庭孩子相比，受到讚美與批評的比例相反。哈特與萊斯利將這些數據推論到孩子四歲時（見表二）。

為了更容易理解這點，請想像一下，當你聽到肯定句與禁止句時，分別會受到怎樣的影響？如果你不斷聽到「你是錯的」、「你很壞」、「你從沒做對任何事」，那是怎樣的感覺？無論父母事實上有多麼愛你，這都是難以克服的童年困境。

表一：「你很棒／你是對的」對比「你很壞／你是錯的」（計畫執行一年的數據）

聽到的字量／話語類型	肯定句	禁止句
專業人士家庭孩子	166,000	26,000
勞工階層家庭孩子	62,000	36,000
社會福利家庭孩子	26,000	57,000

表二：「你很棒／你是對的」對比「你很壞／你是錯的」（計畫執行至四歲的數據）

聽到的字量／話語類型	肯定句	禁止句
專業人士家庭孩子	664,000	104,000
社會福利家庭孩子	104,000	228,000

證明：信念落差與成就的關係

芝加哥大學特許學校活躍的執行長夏恩．埃文斯（Shayne Evans）認為，「信念落差（belief gap）」是貧窮孩子缺乏成就的關鍵因素，也是不斷被確認不足的結果。如果某人一遍又一遍的告訴你：「你真是一文不值。」尤其當他是你所信任的人，這樣，你還會認為自己擁有多少價值？埃文斯表示，這些孩子聽到的就是這些話，不單從父母那邊聽到，學校體系、老師及社會環境也都這樣說。

埃文斯的目標，是為這群學生建立「一種新常態」。在這個環境裡，對每個學生的期望都是大學畢業，無論其社經地位、家庭挑戰，以及任何傳統因素的限制，埃文斯堅持，「身為教育工作者，幫助（這些學生）克服所有障礙，是我們的工作。」

三千萬字的重點

雖然最高社經地位家庭與社會福利家庭之間，差距極為戲劇化，但關鍵是我們必須了解，哈特與萊斯利的研究顯示，這個差距是從最高社經地位家庭開始，向下逐漸變化，先緩降至中收入者，再到低收入家庭，最後是社會福利家庭，以驚人的差異收尾。儘管專業人士與中收入家庭之間，差異不到極端的三千萬字，但仍有兩千萬字的顯著差異。

另外還必須強調一點，我們討論三千萬字，並不是指三千萬個「不同」的字。畢竟《新韋氏國際字典第三版》（*Webster's Third New International Dictionary*）只收錄三十四萬八千個詞彙，而最新《牛津英語辭典》（*Oxford English Dictionary*）也只有二十九萬一千個詞彙，真要說到三千萬字，可能會被視為一項驚人壯舉。所以準確來說，我們討論的是「說出來的總字數」，包括重複出現的字。

哈特與萊斯利是這一切的先驅，不過世界卻可能輕易遺忘了他們。儘管如此，他們開啟了重要科學論述，探討早期語言對孩童一生的影響，以及出身富裕與貧窮的孩子，雙方的關鍵差距為何。最後，哈特與萊斯利達成他們最初的目標，表明設計良好的療育方案需要什麼，幫助危機中的孩子從出生開始，穩定而茁壯的成長，並且發揮潛力，改變自己的生命歷程。

大腦與語言處理速度

那麼，為何杜松園專案的孩子，沒能在學業上獲得改善？史丹佛大學教授安妮．佛娜德（Anne Fernald）的語言處理研究，提出了一項深遠的原因。她認為三千萬字的落差，實際上跟大腦及其發展有關。

哈特與萊斯利向杜松園孩子灌輸字彙，似乎找到一條改善孩子學業預後不佳的路。起初專案看起來大有可為，但僅限於起初。這些孩子最終也與其他危機中的孩子無異。當時哈特與萊斯利還不了解，直到完成研究才明白，這些孩子雖然只有四、五歲，卻已受到早期語言環境貧乏的負面影響。雖然他們能把字灌進孩子的大腦，卻無法改善其學習能力。為什麼？因為早期語言環境的貧乏，已經影響孩子腦部的語言處理速度。

佛娜德表示，腦部的語言處理速度，是指可以多快「搞懂」一個你已認識的字，也就是你熟悉與理解一個字的速度。比方說，如果我拿一張鳥的圖片與一張狗的圖片給你看，然後請你看「鳥」，你能多快看向鳥的圖片？

這個處理過程對學習極其關鍵。事實上，它是雙倍重要，因為如果你必須努力認出自己學過的單字，就來不及認出接下來的單字，這會讓學習變得極度困難。

最好的例子，就是用已經學會一點的外語跟人交談。佛娜德舉了個例子，一名美國學生在稱霸法文課，甚至拿下全優成績之後，實際造訪法國。當時她與來自巴黎的某人初次見面，那人以正常的交談速度對話，而不是教授講課的簡單節奏，她發現自己必須「緊抓住」每個半生不熟的字，試圖「搞懂」對方的意思，但等到她「搞懂了」，對話早已進行到下一個句子了。佛娜德說這就是「處理速度太慢的代價」的最佳例子。如果你必須聚精會神在腦中搜尋一個字的意思，就會錯過後面所有的句子。

說外語的困難還帶有一點幽默的成分，但幼兒缺乏學習能力，則一點也不好玩。佛娜德在實驗室裡研究幼兒時發現，如果孩子延遲理解句子中某個熟悉的單字時，雖然只晚了一剎那，就會很難理解下一句話的意思。她說，零點幾秒的簡單優勢，「使你贏得學習的機會。」對缺乏這項優勢的人來說，則要承受無法計數、永久的損失。

而哈特與萊斯利曾發現的社經關係，佛娜德也同樣注意到。在她的研究中，來自低收入背景的兩歲孩子，比起來自較高社經地位家庭的孩子，其字彙量及語言處理技巧，足足落後了六個月。

不過佛娜德也證實，雖然數據顯示的社經差異顯而易見，但在研究結果中，那些差異卻不是最顯著的部分。她從只針對低收入背景孩子做的研究中，發現家長說話量存在巨大的差距：從一天六百七十個字，到一天一萬兩千個字不等。研究也發現，孩童的早期語言環境，與他的語言處理速度顯著相關，但與社經地位因素無關。在兩歲大時，聽到較少話語的孩子，擁有的字彙量較少，語言處理速度也較慢；接觸較多話語的孩子，擁有的字彙量較多，語言處理速度也較快。而這適用於所有社經階層。

總而言之，一切都取決於大腦受話語培育的程度。

3

神經可塑性

航行在腦科學的革命浪潮

生物賦予你大腦。
生命卻將它轉化為心靈。

——傑佛瑞・尤金尼德斯（Jeffrey Eugenides），《中性》（*Middlesex*）

生理上的大腦成長，絕大部分是在我們四歲時完成。人類在兒童時期學習事物的容易度，以及長達一生的規畫，大都取決於生命早期那幾年發生的事。這項事實何以令人痛心？因為在這階段，嬰兒並沒有力量告訴家長：「哇，你這樣做錯了！」「再多跟我說一點話！」「拜託，好好跟我說話。」

這就好像三歲前缺乏足夠食物的嬰兒，或許可以倖存，但絕對長不到他應有的身高；一個腦部缺乏足夠語言的嬰兒，雖然得以倖存，但會遇到龐大的學習困難，而且永遠無法充分發揮他的智力。

科學證實了這點。佛娜德的簡潔研究證明，早期語言環境貧乏的孩子，語言處理速度較慢且較無效率；哈特與萊斯利也注意到這層影響，因為參加他們專案的幼兒園孩子，雖然接受了密集的字彙療育課程，學習能力卻並未顯出差異，療育課程有其影響力，但無法改善早期語言環境貧乏所造成的腦部損害。

為了解原因，我們就必須認識腦部——人體最不可思議的器官——是如何發展，知道早期語言環境為何能塑造我們是誰，以及能夠成就什麼。

嬰兒大腦是施工中的作品

不同於人體其他大部分器官，大腦在人出生時尚未完工。心臟、腎臟及肺臟是從第一天開始就運作一輩子；但大腦幾乎仰賴一路上遭遇的一切，直到充分發展為止。新生兒小巧可愛的腦袋是智力核心，即將開啟極為迅速、複雜而精細的成長。

在出生後數年，短時間內就會創造出極度強壯、極其軟弱或介於其間的腦部迴路，然後影響我們一生的成就。那麼，決定發展的關鍵因素是什麼？基本上是「基因」和「早期經驗」，以及它們終身的交互影響。無論好壞，都是這樣。

傑克．尚克夫（Jack Shonkoff）是哈佛大學兒童發展中心（Center on the Developing Child）的博士，他將嬰兒大腦發展比喻為「蓋房子」。尚克夫說：「基因，提供大腦發展的基本計畫……就像建築師提供蓋房子的藍圖。基因計畫……制定神經細胞互相連結的基本原則……（提供）大腦結構最初的建造計畫，」最後決定我們的獨特發展。基因潛力決定每個人在不同領域的「上限」。比方說，在經濟學上，我永遠不可能像諾貝爾得主詹姆士．赫克曼那樣聰明，不論我的早期經驗如何，在所有可能的領域中，個人的各種潛力在達到人生高度與受困谷地之間，存在著天壤之別。

尚克夫所說的是，蓋一棟房子若缺乏優質的材料、老練的承包商或一班盡心盡力的工人，即使擁有最宏偉的藍圖，也無法彌補落差。一旦缺乏那些要件，完工作品絕不會如建築師所預想，房子也達不到它原本應有的樣子。代換到小孩的大腦發育，所有嬰兒的共通點，就是「每件事都要完全仰賴他人」。傳統上，人們公認牛奶是生存、成長所需的營養，到現在我們才開始了解，不僅生理成長需要食物營養，智力成長也同樣需要最佳的社交營養。而這兩項需求，全仰賴照顧者供給。

如今，社交營養被視為「使腦部達到最佳發展狀態」的基本要素，其中一項重要成分是穩定性。發展中的腦部，對環境裡所有刺激高度敏感。在嬰兒時期，若處於充滿持續高壓的「有毒」環境中，會造成嬰兒內部的「壓力源（stressor）」。這些壓力源是嬰兒腦部發展最早的抑制因素，它們需要腦部大量關注，以至於大腦必須分出注意力，不能專心學習。當然，有些壓力是生活的一部分，就連嬰兒也不例外，例如：延遲餵食、睡前哭泣等。但如果壓力程度一直持續上升且居高不下，「壓力荷爾蒙」（如：皮質醇）就會籠罩嬰幼兒的腦部，永久改變腦部結構。大腦因壓力而永久改變的結果，包括長期行為問題、健康問題，以及學習困難。

微妙的是，孩子若在沒有長期壓力的環境中成長，反而較能以更有建設性、不負面的態度，去面對生命中的「亂流」，也就是壓力。

腦部發展最重要的成分，是嬰兒與照顧者之間的關係，其中包括語言環境的氣氛。誰會想到，對剛開始學習專注的嬰兒輕聲說：「爸比好愛他的小乖乖。」這件事有多重要？但它就是非常、非常重要，千真萬確。隨著話語逐步增加，那些「哦」、「啊」、「媽咪愛你」、「好可愛的甜心寶貝」都成為催化劑，悄悄連結腦部數十億的神經元，塑造複雜的神經迴路，累積孩子的智力潛能。如果處於最佳的環境狀態，周圍充滿輕聲細語、微笑與寧靜，大腦就得以完美發展。若環境狀態並不理想或者更糟，充斥著刺耳尖叫與孤立隔離，大腦發展就會受到嚴重而負面的衝擊。

最後，話語量很重要，但它只是輔助，前提還是照顧者和嬰兒有愛與滋養的關係。話可以說很多，但要對大腦產生正面影響，有賴於回應與溫暖。

面無表情的撲克臉實驗

談到發展視覺，我們容易理解環境的媒介，例如：白天的光線。但說到發展心靈，環境的誘因就顯得微妙且複雜許多。舉例來說，母親回頭凝視寶寶、父親抱起向他高舉雙臂的女兒、家長把杯子遞給孩子時說「果汁」、親子玩躲貓貓而引發一抹微笑或一串笑聲……這些積極正面、敏銳回應、如傳接球般的互動，是建立孩子一生學習、行為與健康的基礎。事實上，嬰兒腦部發展的核心（或說它的動力），來自和成人間充滿愛與積極回應的互動。

關於嬰兒對社交互動的需求，有一個非常觸動人心的例子，YouTube 上令人難忘的

「撲克臉（still face）」實驗影片，是由麻州大學（University of Massachusetts）知名心理學教授愛德華．特隆尼克（Edward Tronick）所製作。

在影片中，一名年輕母親將寶寶放進高腳椅，並且跟她玩。忽然間，母親別過頭去，再回頭時竟一臉冰冷，表情木然。嬰兒困惑的盯著媽媽，原本流露朝陽般喜悅的她，伸出雙手開始瘋狂比舞，盡一切努力想引起母親的回應；結果卻徒勞無功，母親仍漠然看著她。嬰兒發現怎麼做都沒用，便向後蜷縮，開始嚎啕大哭。這畫面著實令人痛心。

但受影響的不只是嬰兒，媽媽也開始顯露出焦慮。最後，當她終於可以不再忍耐時，立刻從面無表情變回原本慈愛的母親，而嬰兒也立刻恢復原有的歡樂。

現實生活中，慈愛的母親很少玩這種遊戲。但同樣的，對某些嬰兒來說，那不是遊戲，而是他們的人生。長期生活在「面無表情」或更糟（充滿憤怒與敵意）的環境，並不是在幾秒鐘內，用一個擁抱就能修復的事。我們前面提到的壓力荷爾蒙（如：皮質醇）開始籠罩嬰兒腦部，這極度負面且往往不可逆轉的壓力源，影響滲透到腦部核心區域。結果可以觀察到，這不僅影響孩子的認知及語言發展，也影響行為、自我控制、情緒穩定、社交發展，以及整體的身心健康。

這再次證實了令人悲傷的真相：孩子的基因，也就是他的潛力藍圖、與生俱來的天賦，事實上並非定案。在表觀遺傳學（epigenetics）中，基因受環境影響而轉變的過程，說明教養似乎無法改善天性，甚至可能破壞天性。早期的「有毒」經驗，包括高壓環境，會為基因藍圖帶來深遠而負面的改變，永久影響腦部發展。

但必須特別強調，我們討論的是持續、長期、不斷的壓力，而不是偶爾的不悅，像是筋疲力竭的父母對孩子說：「已經半夜兩點了，寶寶，拜託，拜託，讓我休息一下！好吧！好吧！我來了！」

神奇的腦部運作

我們每個人出生時，都擁有一千億個神經元的潛力，可以轉換為大量的潛能。不幸的是，如果缺乏關鍵的神經連結，就算有一千億個神經元也毫無意義，有點像是沒接線的獨立式電線桿。反之，當神經元以最佳狀態彼此連結，它們彼此間快速流通的信號，讓大腦得以變出戲法。

人從出生到三歲左右，大腦每秒都創造七百至一千個額外的神經連結。我再重複一次：嬰兒到三歲前的每一秒，都會產生七百至一千個額外的神經連結。它所形成不可思議而複雜的迴路，就是大腦結構，並且影響所有的腦部功能，包括了記憶、情緒、行為、運動技能，當然還有語言。

不過，生命前三年激增大量的神經連結，實在多到一塌糊塗。若讓它繼續發展下去，大腦將因負載過重的刺激與噪音，變得一片混亂。因此我們極其聰明的小腦袋，會透過一個叫「突觸修剪（synaptic pruning）」的過程，修剪多餘的神經連結，除掉較弱、較少使用的，並將經常使用的神經連結，調整到專門的特定功能區域。

在這段期間，關鍵的神經連結處於創造與鞏固階段，技巧建立及語言學習的潛力非比尋常。未來大腦不會再有同等的神經可塑性，也就是能因應環境而改變的驚人彈性。一旦這扇機會之窗變窄，大腦開始修剪沒用過或少用的連結，適應廣泛機會的潛力範圍也會變窄，進行新嘗試的難度也會變高，例如：在年紀較大時學習新的語言。這是尚克夫所說，一個「（兼具）大好時機與脆弱」的時期。

阿布杜拉的案例

阿布杜拉是二十歲的失聰學生，就讀於當地社區大學，為了植入人工耳蝸而來見我。

他從巴基斯坦移民的雙親、小弟穆罕默德、兩名翻譯員（一名比手語，另一名說阿拉伯語）和我，七個人塞滿了診間。診間裡唯一不需要翻譯員的，是弟弟穆罕默德，他能穿越溝通障礙，輕鬆自在切換英語、阿拉伯語及手語。有一雙大大的棕色眼睛與一點嬰兒肥，年僅九歲的穆罕默德擁有一種自信，而那無疑是來自他身為父母及長兄的代言人。穆罕默德通曉流利的英語、阿拉伯語和熟練的手語，是神經可塑性的最佳寫照。他之所以和家人同來，是因為阿布杜拉最近決定植入人工耳蝸，以便「聽見和溝通」，翻譯員如此說明。

在我們這個領域，討論人工耳蝸植入的成功機率，會秉持「務實的期待」原則，這是我提供專業諮詢時的必要環節，特別是對阿布杜拉這種年紀較大的病人。大腦是否能為了學習而形成新的神經連結，是根據神經可塑性的程度。以阿布杜拉來說，由於年紀問題，他可能永遠無法學會說話或理解口語，或從事通常與聽力相關的工作。幾乎能確定的是，手語會繼續做為阿布杜拉的溝通模式，而他「務實的期待」，最可能是察覺聲音：飛機、門鈴響、沖馬桶、雨滴打在玻璃窗。不過聽見這些聲音，和理解它們的意義是兩碼子事。我必須向充滿希望的這家人解釋，阿布杜拉的大腦，早已過了學習語言的關鍵期。

他的父母客氣聽著，阿布杜拉和穆罕默德也是這樣。最後，那位母親透過阿拉伯語翻譯員說：「醫生，我只想要我兒子獲得幫助。」但她因包著頭巾面紗而凸顯的雙眼，透露出的期望遠多於此。而我所說明「務實的期待」，並不符合那期望。如果她的長子被賦予了聽力，那他為何不能自然理解自己聽到的內容？或是學會說話？這次，我以同樣是母親的身分對她解釋，這就好比我搬去巴基斯坦，不會只因為自己聽得見，就期待能自動理解周圍的阿拉伯語。我說：「也許穆罕默德得過來幫我翻譯。」她看著穆罕默德，然後會心一笑，現在她懂聽見和理解的差別了。

阿布杜拉是聰穎可愛的年輕人，並且深受家人支持。然而，他與我其他年幼的病人不同，缺少了神經可塑性。雖然他現在能聽見，卻沒有理解聲音的潛力。

全在乎時機。

大腦發展關鍵期

視覺系統是研究人類最主要的領域之一。當我們看著某樣事物，接收到的影像，包括它的形狀、顏色、細節和深度，都是由大腦重現視網膜捕捉到的影像。同時，視力也如同多數的腦部功能，是在出生後才發展完成的功能。在生命最初幾個月，嬰兒只看得見八至十英寸（約二十至二十五公分）的距離，而且幾乎無法協調雙眼。但就在幾個月後，協調性會大幅進步，而在接下來的兩年，對深度與顏色的認知，以及對周遭世界的視覺理解，都會迅速擴大。

不過視覺敏銳度跟語言一樣，也是取決於環境。簡單來講，嬰兒需要有東西看，才能看得見。

那麼，如果沒有視覺環境，例如：有個嬰兒剛出生，處於視覺系統的「關鍵期」，眼睛卻被一層乳白色薄膜覆蓋，這會發生什麼事？其實就跟其他腦部功能的狀況完全一樣：大腦進入「用進廢退（use it or lose it）」模式，開始修剪、清除沒用過或脆弱的神經連結，以這個嬰兒來說，就是幾乎沒受過刺激的視覺感受器。結果發現，即使後來移除薄膜，孩子也可能永遠看不清楚。

這點在二十世紀初已獲得證實。當時眼部外科醫師發現，如果為先天罹患白內障的嬰兒動手術，可以完全重建他們的視力，沒有永久性的負面影響；但是為超過八歲、視力因白內障而受損的兒童動手術，雖然術後眼睛看起來很正常，但孩子的視力問題會持續一輩子。這與人工耳蝸植入時機的問題不謀而合。

最關鍵的問題當然是：「為什麼？」托斯坦・威澤爾（Torsten Wiesel）與大衛・休

伯爾（David Hubel）的解釋，使我們對大腦可塑性的理解，產生革命性的巨變。他們於一九八一年獲頒諾貝爾獎，便是因為發現了「大腦最謹守的祕密之一」。

休伯爾與威澤爾在一九五〇年代開始他們的研究，估計貓和猴子的個別神經元活動。除了構思研究外，他們還創造新的工具，用以測量動物大腦對看見事物所做出的反應。他們設計一系列聰明又有創意的新奇方法，包括安排研究的貓「戴上電動頭盔，待在放映各種視覺影像的螢幕前……試圖找出一項刺激，可以促使單一神經元……激發。」據說觀看的影像，包括了這兩位研究員跳舞，以及性感的女人等。休伯爾寫道：「說到純屬娛樂，我們的專業領域所向無敵。我們試圖保守這祕密。」

雖然休伯爾與威澤爾研究的是視覺，但這項開創性的研究，改變了我們理解大腦的方式。諾貝爾獎得主、神經科學家艾瑞克．坎德爾（Eric Kandel）曾完美而簡潔的描述這項研究的重要性。當時有位科學家宣稱，休伯爾與威澤爾的研究只是「有限的生物普遍性」，坎德爾回應：「你是對的……它『不過』是協助解釋『心智』如何運作。」

全在乎時機

正如你無法在學會走路前就先學會跑步；你無法說出你的第一個字，直到你聽見並理解了那個字。錯過學習的時機，後果十分嚴重，因為在大腦發展中，想要養成更複雜的技能，先決條件是習得基本技能，而每項技能都是下一個技能的基礎。換句話說，大腦發展是以階層型態出現，「基本」技能提供基礎，然後在其上建立更複雜的技能。因此錯過學習「簡單」技能的時機，可能造成廣泛的影響，因為新的學習只會愈來愈難。而在語言的累積上，這點格外關鍵，因為在生命的最初三年，語言不僅有助於建立字彙及對話技巧，也提供社交、情緒與認知發展的基礎。

早期語言環境不足的明顯例子，是那些先天失聰、父母不諳手語的成人。這些人的生活，通常真實呈現了早期語言落差的結果。

我的表舅

我母親的表弟生於一九四八年，是先天重度聽障。我依稀記得，在孩提時代收過一張信筆手寫的冗長生日賀卡，只匆匆瞥了一眼。對一個九歲小孩來說，如果沒有附上禮物，卡片的意義微乎其微。就在最近，母親閱讀本書的初稿，不經意提起她舅媽和身為學校老師的舅舅，其實早已從匹茲堡搬到聖路易市，只為讓他們的獨子就讀聖路易市啟聰學校（St. Louis Central Institute for the Deaf），該校致力於教導「口語」而非手語。我透過啟聽學校的快速搜尋引擎找到表舅，忽然領悟到，我這個眼睛一藍一棕的遠親，是瓦登伯格症候群的患者——與那名雙眼湛藍明亮的病人蜜雪兒如出一轍。但跟蜜雪兒不同的是，表舅的父母有財力也有意願，為了兒子的教育橫越整個國家。極為諷刺的是，他早在某處的街角上學，而約莫四十年後，我才完成我的第一次人工耳蝸植入手術。

他發生了什麼事？他的人生長什麼樣子？

母親並未詳加敘述，只說表舅的生活並不容易。雖然直到幾年前彼此仍定期通信，但她不知道他的讀寫程度如何。不過，如果他與那時期的先天失聰兒一樣，出生於雙親聽力正常的家庭，但在人工耳蝸的管道出現前，無論家庭條件多好，最後的讀寫能力，很可能是小學四年級的程度。這是那個年代的典型狀況，未必能反映他出生時的潛力。恰恰相反，他很可能永遠發揮不了潛力，只因為他聽不見。從最純粹理論的意義來看，他跟大部分的同儕一樣，是三千萬字落差的受害者。

表舅的經驗足以證明，影響人類成長的主要因素，不是出身的社經階層，甚至也無關父母的專心致志。因為若是這樣，我表舅一生的路途應該會走得順遂。他缺乏的是「語言」養分，一旦語言在幼兒的生命中缺席——無論是手語或口語，會造成永久而負面的影響，任何出身背景都是如此。

我必須強調，並不是只有我表舅的生活受到影響。儘管人工耳蝸植入功不可沒，為失聰族群帶來了聲音與發揮潛能的機會，不過整個社會也是主要贊助人。若考量到特殊教育、未充分就業及失業的成本，失聰是最花費資源的殘疾之一，而人工耳蝸植入，就是避免那些成本的必備鑰匙，但從蜜雪兒的故事來看，鑰匙若不用來開門，也無足輕重。

聽見、閱讀及學習的關聯

對聽得見的人來說，「學習閱讀」似乎是相對容易的連續過程：認識字母，學習發音，組成單字，了解字義。但對失聰者來說，閱讀是極不尋常的挑戰。事實上，「挑戰」還是委婉的說法了，它其實是一項艱鉅的任務。

想像一下，如果你只看得懂英文，卻必須學習自己不認識的中文。同樣的，失聰兒在從來沒聽過發音的情況下，被要求去認識書上的字母，把它們組合成字，以及了解那些字的意義。舉例來說，英文單字的貓是cat，看起來很簡單，對吧？你知道英文字母C發「k」的音，A發「a」的音，以及T發「t」的音，於是立刻把這些音組合起來，而這個發音代表了「喵喵叫」的毛茸茸小動物。

但如果你沒聽過C、A、T這幾個字母，不知道它們單獨或連在一起的發音，該怎麼辦？那些符號對你有何意義？就算你生活在人們普遍認識「cat」這單字的國家，即使你能用手語比出「cat」這種動物，看見C、A、T這幾個字，對你毫無意義，而這就是失聰兒在學習閱讀上，必須經歷的艱辛道路。認識手語並沒有幫助，因為手語透過動作說明意思，但沒有像英文的書寫形式。其實，手語和英語是兩種不同的語言，彼此完全沒有關聯。年幼的失聰兒學習閱讀，就是處於不斷轉譯的模式，從手語轉換到英語，在從未真正聽過英語、了解發音的情況下，以「艱鉅任務」來形容，可能仍過於輕描淡寫。

這後果影響甚鉅。聽得見的孩子在學校學習閱讀，最終目標是透過閱讀去學習。小學三年級是關鍵的一年，孩子從簡單唸出書上的文字到形成概念，並以那些文字累積知識。這是心智思考歷程的開始，但僅限於能嫻熟閱讀的孩子。無法嫻熟閱讀的孩子，三年級同樣是值得關注的一年，資料顯示，這是他們知識累積與智力成長急遽下滑的開端。

心理學家基斯・史坦諾維奇（Keith Stanovich）將此稱為「馬太效應（Mattew Effect）」，典故取自《聖經・馬太福音》十三章十二節：「凡有的，還要加給他，叫他有餘；凡沒有的，連他所有的也要奪去。」換句話說，接受教育較豐富的人，將更加豐富；接受教育較貧乏的人，則更加貧乏。事實上，三年級的閱讀程度影響如此之大，甚至可做為高中畢業的預測指標。而這也正是失聰攸關重大的顯見之處。失聰兒高中或大學畢業的機會，明顯低於聽得見的孩子，這對其就業造成的影響無可否認。從歷史來看，失聰者未充分就業是普遍的悲劇，其中有工作者的收入，也低於聽得見的同事三〇%至四五%。當你閱讀這些統計數據時，請務必要知道，我們不是在討論智力潛能的差異，而是在描述永遠無法得知的個人潛能。

另一方面

然而，當語言環境處於最佳狀態，結局則完全不同。正如大腦發展的其他面向，語言習得是遵循「技能產生技能」（skills-begetting-skills）的路徑，每項學會的熟練技能，成為下一項技能的基礎。一切都發生得如此自然，以至於我們往往視為理所當然。事實上，新生兒的發展，是從聽見連續而無意義的聲流開始：

「誰是媽咪的甜心小寶貝？（Whosmommysweetiepie?）」

接著分別聽見每個字：

「誰是／媽咪的／甜心／小寶貝？」（Who's Mommy's sweetie pie?）

再來是知道每個片段是有意義的：

「誰是（Who's）」
「媽咪的（Mommy's）」
「甜心（sweetie）」
「小寶貝（pie）」

接著嬰兒開始能自己發出那些聲音，到最後甚至能回答問題，這是人類發展中，令人驚異、深不可測的壯舉。無論孩子出生地的語言為何，也不管是在坦尚尼亞鄉村或曼哈頓都會區，發展路徑基本上都一樣。語言的輸入、數量與品質，都是促進孩子大腦發展的關鍵因素。

「Who's Mommy's sweetie pie?」（英語）

「Kas yra mamytė savo saldainiukas?」（立陶宛語）

「Aki a mama a kicsim?」（匈牙利語）

「Thì pěn fæn k̄hxng mæ̀?」（泰語發音）

「Ambaye ni mama ya sweetie?」（斯瓦希里語）

想像你聽到別人用你不會說的語言講了一句話。鴨子聽雷，對吧？那麼，嬰兒耳朵聽到完全陌生的聲流，是如何把這條唧唧喳喳的聲流，轉為聲音的片段——音素[2]，再將那些無意義的聲音片段，翻譯為傳達意義的字呢？這是一段不可思議的過程，而神經科學直到最近，才開始做出解釋。

語言學習專家派翠西亞・庫兒（Patricia Kuhl），是理解嬰兒如何破解語言密碼的先驅。我初次得知她的創新研究，是在戈登–梅鐸的「兒童語言發展入門」課堂上。庫兒使用簡單的監測技術，觀察嬰兒聽見聲音時吸吮奶嘴的速度，煞費苦心揭露嬰兒學習語言的步驟。此外，她運用複雜精密的新工具——腦磁圖（magnetoencephalograph, MEG），並稱之為「來自火星的吹風機」，提供嬰兒腦部運作的即時影像。這工具如庫兒所說，能偷看嬰兒腦部「葫蘆裡賣什麼藥」，而研究發現，嬰兒確實是如假包換的「計算天才」。

我們都曾是計算天才

我們每個人在理解或說出一個字以前，大腦都必須展開「語法分析」的行動，也就是區分，發音，再把它們拼湊起來，創造出單字。這是大腦早期學習母語的重要工作，有些跡象顯示，這過程很可能在子宮裡就開始了。嬰兒出色的腦袋，如功夫大師一般敏捷，能將進來的聲流巧妙的大卸八塊，直到將它們轉為有意義的字，安置在相符的語言情境。

2 譯者注
能夠區別意義的最小語音單位。

一則有趣的軼聞顯示，即便是成年天才，也無法與新生兒匹敵。臉書創辦人馬克・祖克柏，為了與華裔姻親溝通而學中文，也曾和中國領導階層會談三十分鐘。對這名傑出網路企業家的中文造詣，他們最後給了什麼評價？這位「善於表達的七歲小孩，說話時嘴裡像塞滿彈珠球[3]」，他把「臉書總共有十億個用戶」說成「臉書總共有十一個用戶」！

事實上，嘗試學習新語言的成年人，完全不是嬰兒的對手。根據嬰兒的腦部影像，他們在說出第一個字以前，早已在心智中練習回應，試著搞懂怎麼做出必要動作，以明確表達該語言的字詞。

為何現在我們做不到？

由於處於神經可塑性的巔峰，嬰兒的腦部能辨識每種語言的發音，從德語的元音變音、中文拼音，到非洲馬賽族語聲門閉鎖、稍微內破的輔音，也準備好學習某種發音的語言，甚至是發音截然不同的數種語言。正如庫兒所說，嬰兒是真正的「世界公民」。

但這並不是永久存在的技能。就如大腦會修剪沒用過或未充分使用的突觸，嬰兒對語言所有可能發音的無窮潛力，也極早開始被修剪，為的是提高運用母語的能力，阻止自己輕易學會用不到的發音。

專攻母語的發音，發生在嬰幼兒非常早期的生命階段，通常是在滿一歲以前。我們的大腦早從第三孕期開始，就準備好學習母語，不過，它如何知道哪些神經連結是永久性的呢？就是「計算天才」！嬰兒發展中的大腦令人難以置信，它從最初聽到特定的發音模式，就開始進行量化，計算它們的頻率，毫不擔心字義。大腦會保留占有主導地位的發音，然後將之轉為單字，最後逐漸形成母語。

這過程以某種意義來說，是透過嬰兒大腦「收割」重複出現的發音，並將它們標記為必須保留的重要「原型（prototypes）」發音。接著如庫兒所說，原型發音像磁鐵一樣，吸引相似發音，即使其中只有細微差異。這過程使我們易於熟悉自己將要使用的語言，但也阻礙了我們，變得難以準確聽、說發音不同的語言。比方說，講亞洲語言的人很難區分「R」與「L」的發音；講歐洲語言的人則無法複製亞洲語調。其實這是大腦另一項聰明

3 **編按** a mouth full of marbles，類似在地讀者熟悉的說法：說話時嘴裡像含了一顆滷蛋。

之處，因為它意識到語言的需求與局限，因此鎖定必要的、刪除無關的。畢竟，何必浪費寶貴的心智活動在那些毫無意義的差異上？那些發音差異對你必須用到的語言無關緊要。

庫兒早期針對日本嬰兒所做的研究，驗證了這個觀點。在七個月大還是「世界公民」時，日本嬰兒能輕易分辨英文「R」與「L」的發音；但三個月後再測試，這項能力就消失了。庫兒用其他發音測試美國嬰兒，也發現了同樣的情況。在這兩個例子裡，大腦都意識到神經可塑性即將降低，於是「專攻」未來需要的語言發音，拒絕將神經元花在未來不需要的語言上。

別將兒語當作廢話

「我從來不對寶寶說兒語。」媽媽對此自豪不已，這項聲明似乎是新手父母普遍的榮譽徽章，感覺說兒語好像很糟糕。但出乎意料的是，研究結果證明「兒語有益」。科學表明，像「媽咪咪好愛她的小小寶貝貝」這種出於本能的延伸字句，配合提高聲調、稍微拉長文字、如唱歌一般的聲流，能幫助嬰兒大腦解析發音，並專攻未來將要使用的語言。雖然它聽起來像是表達母愛，但「兒語」確實幫助了嬰兒統計學家的大腦，更容易掌握那些明顯不同的發音，相較於成人導向式語言（adult-directed speech），每種在聽覺上顯得「誇張」的語法，都會使嬰兒更易於理解與學習。

用電視學語言可行嗎？

如果嬰兒是這樣的計算高手，那何不直接把他們放在電視機前，今天就這樣吧？這樣我們至少可以看完手邊的書，或是回幾封電子郵件。

大腦或許聰明，但不幸的是，對不斷增加的未回覆電子郵件清單來說，它是一種社交生物；缺乏互動也可能嚴重限制它學習與記憶知識的能力。我們的大腦不像水壺，可以留住倒進去的任何東西，反而像是沒人搖動的篩子。歸根究柢，語言是什麼？如果一個人孤零零的活著，就不需要它了，不是嗎？因此，語言及文字的基本原則，是把人與人連結在一起。嬰兒大腦是演化的成果，它不能被動學習語言，只能在擁有社會回應與互動的環境裡學習。嬰兒與照顧者之間，在語言上如傳接球一般的互動，這是學習語言及任何事物的關鍵因素，其重要性不容小覷。

我最喜歡庫兒的一項研究，完美驗證了這項觀點。庫兒的團隊讓九個月大的美國嬰兒接觸中文，其中半數嬰兒聽中文，是透過慈母般的真人，將和藹可親的溫暖融入語言。其他嬰兒聽到一樣和藹可親的中文，但是透過影音裝置播放。經過十二次的實驗訪視後，聽見真人說話的嬰兒，能分辨中文發音；而聽影音裝置說話的嬰兒呢？你猜對了，什麼都沒學到。

這引發一個有趣的問題。這表示嬰兒的學習，只能透過自己聞得到、摸得到或感覺得到的人嗎？還是說機器人（像史蒂芬．史匹柏的人工智慧）可能取代這種人性成分？最佳大腦發育所需的必要人為因素是什麼？在這個不可思議、對人類生存影響最深遠的器官中，還存在無數有待解答的問題。

成人學習語言的新希望

當高效率、專業化的大腦可塑性減少，這扇輕鬆學習之窗開始關閉時，孩子想要吸收新知，就會變得愈來愈困難。但如果不必如此呢？如果可以撬開那扇窗，讓孩子優秀的學習力成為終身狀態，那又會如何？想想在四、五十歲時，能相對輕鬆的學習一種新語言。這種假說被形容為大腦的「時間旅行」（time travel），是近年來有關大腦研究的一部分，目的是幫助我們進一步了解大腦。

哈佛醫學院分子與細胞生物學暨神經學教授貴雄．邊修（Takao Hensch）的研究，靈感來自休伯爾與威澤爾對大腦可塑性的研究。但邊修擁有這兩人夢寐以求的幫手：分子工具，它能幫助科學家了解在細胞水平上的大腦反應。透過這些工具，他揭開另一項驚人的新發現：大腦並未失去可塑性，這與我們之前的想法相反；事實上，大腦似乎有無限重新連線的能力。但這在現實生活中為何無法生效？由於某些未知的演化因素，人體創造出「煞車」分子來避免不斷重新連線，並為大腦可塑性設定截止日期。

這項關鍵性的研究，是邊修與波士頓兒童醫院（Boston Children's Hospital）的同事一起進行，其中包括試圖逆轉分子煞車，以便重建弱視患者的視力，或為因大腦早期的神經修剪而造成單眼弱視的患者，恢復視力。雖然研究仍在進行中，但成果似乎前景看好。他對「音癡」所做的研究已顯示，當分子煞車被逆轉，耳朵就能被重新訓練，聽出各個音符，而以往認為童年早期若沒培養，這項能力就會直接消失。

波士頓兒童醫院神經科學家查爾斯・尼爾森（Charles Nelson）教授，曾在〈神經發展：揭開大腦〉（*Neurodevelopment: Unlocking the Brain*）一文中說：「邊修的研究之所以如此有趣，原因在於他證明一件事：即使錯過這些關鍵期，你還是可以回去加以修補。你可以稍晚再彌補逝去的光陰，這想法激勵人心。」

其實對我來說，這想法豈止激勵人心！雖然大腦仍是引人入勝、尚待開發的領域，但強烈的跡象顯示，有一天它的祕密將被揭開，到時，我們將擁有終身的學習與成長能力。此外，我也盼望人類將會因此更加了解自己，進而朝著創造更人道而公正的世界，繼續向前邁進。

4

親子對話的力量

從語言到生命的展望

我是大腦，華生。
其餘的我，只是附件。
——作家柯南・道爾（Conan Doyle），《藍寶石探案》（*The Adventure of the Mazarin Stone*）

一九三〇年代，巴蒂・德席爾瓦（Buddy DeSylva）與盧・布朗（Lew Brown）在經典歌詞中寫道：「……人生最美好的事物都是免費的。」

只消深思。

「親子對話」擁有培育大腦的驚人力量，能使其發展至最佳智力與穩定狀態。如果說大腦最深奧的祕境仍有待發掘，那麼真相已然揭曉。事實顯示，大腦其實何等聰明，因為它以絕對的演化天分，利用豐富的天然資源，做為自身發展的主要催化劑。這個過程是如此簡單而隱密，甚至讓人無法察覺。照顧者的話語，無法被變賣或儲存，也不能在紐約證交所掛牌上市，卻是每個國家、文化、個人必要的資源，無孔不入的影響我們是誰、可以做什麼，以及如何說話行事。

而且它不花一毛錢。

神經連結體塑造了我們

神經科學就像是引人入勝的懸疑小說，一群腦袋聰明、恰巧擁有博士學位的偵探，他們不斷搜尋線索，直到最後一頁才終於讓我們知道，人類為什麼是現在這個樣子。當然，神經科學與福爾摩斯之間的差異在於，我們從第一頁開始，就知道主事者是大腦。這些擁有高學歷的偵探，試圖發掘大腦如何運作，因為一旦他們找到答案，發現大腦如何塑造人成為現在這樣，我們就可以助它一臂之力，成為自己想要的樣子。

長久以來，大腦的重要性廣為人知，但直到最近我們才發現，過去對大腦如何運作的認識，實在過於簡化，而且大都基於推論。比方說，如果病人被診斷為左腦顳葉中風，就失去理解語言的能力，小腦腫瘤患者則再不能打高爾夫球……醫師將問題歸因於大腦特定區域的損傷，就是這樣。這是在未知中摸索的神經科學。

隨著神奇的腦部影像、強大的電腦科學與數學模式一一出現，我們對於這個奇妙器官的粗淺評論，幾乎瞬間突飛猛進，變成從精密的細胞層面去理解其運作原理。雖然目前的理解還不完全，但已讓我們走上發現一切奧祕的路徑。

紐約地圖與大腦連線極其相似。想一想曼哈頓的街道與四處交錯的大街小巷，人來人往、生氣蓬勃，但仍十分井然有序。再想像一下，大腦發展的神經元連線，神經元傳送訊息到我們身體的特化細胞，而一千億個神經元完全互相連結著。這樣的連線被稱作「神經連結體（connectome）」，在我們的大腦裡，每個神經元連結一千億神經元，產生一萬個連結，塑造我們成為現在的樣子，包括了思想與言行舉止。

家長的話語與大腦連線的關聯

「聰明」是令人欽佩的形容詞，但有時也讓人氣餒。所有人都想要聰明。聽見「他好聰明」、「那女生很有頭腦」，這是多麼美好的事。對每個人來說，這幾乎是建構自尊必要的面向。更重要的不僅是讓人認為自己有多聰明，家長們承認吧，當你孩子似乎比別人聰明，你會認為自己也是如此！不過聰明究竟從哪而來？雖然每個人在無數領域都具有聰明的潛力，但能不能發揮這些潛力，完全是另一回事。

就如我們前一章所討論的，父母對孩子咿啞的輕聲細語：「誰是小寶貝呀？」「誰是世界上最棒的寶寶？」傳統上，這似乎是展現父母關愛的表現，但不是太重要的部分。事實恰好相反，為「小寶貝」這類話語喝采，與神經連結體息息相關，意即不斷進化發展的大腦網絡，在神經連線和神經修剪之處，讓我們成為現在的樣子。

我們是怎麼知道的？

為探索大腦複雜祕境，我們繪製神經連結體地圖，從而得知人類如何變為現在的樣子，這無疑是神經科學的嶄新領域。直到現在，從一開始便不斷困擾哲學家的問題，仍沒有獲得解答，因為尋求解答的唯一方式，是透過文字、辯論、假設或推測。即使是現在，新科技雖幫助我們了解過去難解的事物，但所揭曉的答案，往往也帶來新的問題。不過可以確定的是，這大陣仗的互相連結，其實就是「你」這個人，也就是「先天與後天相遇之處」。再者，儘管我們尚未全面了解神經連結體，但確實已經知道，生活經驗（特別是從出生到三歲的生活經驗）可以深深改變你的神經連結體，並在過程中改變了你。這是無庸置疑的事實，即使是一模一樣的雙胞胎，也各自擁有獨一無二的神經連結體，讓他們不同於彼此。

曼哈頓生氣蓬勃的街道，每條街都有各自的目的，但從整體來看，就形成活力四射、錯綜複雜的紐約大都會。同樣的，大腦裡每個神經連結也都有各自的目的，這些連結的複雜網絡（也就是神經連結體），決定了我們整體看起來的樣子，包括發揮個人優勢的基本要素，例如：科學研究、寫詩、擬定籃球制勝戰術等。這些重要的神經連結從何開始？雖然我們無法完全忽略基因層面，但科學強烈顯示，先天潛力的發揮，絕大部分取決於孩子最早的語言環境，也就是「父母的語言」。

不過「父母的語言」這措辭有誤導之處，因為它的神奇效力，遠超越單純介紹字彙。根據父母對孩子說話的字數與說話的方式，「父母的語言」會影響我們在數學、空間推理、讀寫潛力等方面的發揮，以及我們調整行為的能力、面對壓力的反應、毅力，甚至道德品行。不僅如此，「父母的語言」也能決定某些神經連線的強度、持久性，甚至刺激修剪其他神經連線。

每個人來到世上，都擁有特定的優勢，也有難以克服的弱勢。就算有最好的語言環境，也無法消除這些弱點，或者使我們在各個領域登峰造極。不過科學顯示的是，要發揮原本具有的潛力，主要取決於我們出生三年內，腦部正在發展時的經歷。簡言之，我們從遺傳而獲得的基因潛能，會在第二輪的運氣——兒時經歷的父母語言環境——被減低、破壞或實現。我深信，這是所有家長（甚至所有人）都應當知道的事。

「我討厭數學！」

我最大的孩子吉娜維芙，她在十一歲時曾這樣宣布。對於數學，她一遍又一遍激動的說：「沒興趣！」但在過了四年、長高九英寸（約二十三公分）後，她成了數學高手。事實上，如果你現在問我，我孩子們最核心的優勢是什麼，我會說是數學。不過我女兒的數學能力受到他人讚賞，總會說：「哇，女生數學這麼好！」而我兒子數學好，似乎就在大家預料之內，就好像我女兒擅長人文學科、辯論與寫作，任何人都不會感到意外。畢竟她們是女生啊！

現在我要坦承，早期自己和先生也曾（非常輕微的）屈從於這種偏見。當孩子們非常年幼時，我們曾開玩笑說，女兒打從出娘胎就能嘰哩呱啦講一堆話，兒子則是劈里啪啦解困難算式。當時，我若提出「父母的語言」能促進孩子的數學能力，似乎有點牽強。

我們得承認……這想法錯了！抱歉，吉娜維芙！

發現自己的錯誤，並且為此採取一些行動，可能因此扭轉了我們家女兒的人生，以及她的數學能力。當我們國家發現這偏見錯了，並想要修正問題，就可能因此扭轉眾多其他孩子（不論女生或男生）在學業上的局面。

如今美國承認國人數學成績落後，需要正視問題。數學名次不佳，往往連帶影響科學、技術及工程教育，問題已愈來愈明顯，因為與其他已開發國家（當然包括中國）相比，美國成績急遽下滑。這不僅關乎我們孩子的教育，也關乎國家未來的生產力及競爭力。

伊莉莎白．格林（Elizabeth Green）在《紐約時報》發表名為〈美國人的數學為何糟糕透頂？〉（*Why Do Americans Stink at Math?*）的文章，內容很有趣，但也不那麼好笑。她寫到一九八〇年代，艾德熊（A&W）連鎖餐廳負責人艾佛瑞德．陶布曼（A. Alfred Taubman）如何爭取麥當勞的顧客。當時麥當勞漢堡肉有四分之一磅重，他為了宣傳自己漢堡更美味，便說與麥當勞相比，他們的漢堡肉足足有三分之一磅重。三分之一磅對上四分之一磅，而且價錢完全一樣！

這是個妙招，對吧？

不過，如果你不知道三分之一大於四分之一，那可就不妙了！陶布曼請來最頂尖的行銷公司——斯克利懷特（Skelly & White）的揚克洛維奇（Yankelovich），想找出活動失敗的原因。根據調查顯示，受訪者無疑喜歡艾德熊的口味勝過麥當勞。

除了一個小小的差錯以外。

受訪者問：「為什麼我要買艾德熊的三分之一磅漢堡？同樣的價錢，在麥當勞可以買到四分之一磅的漢堡耶！」因為三小於四，所以超過半數的受訪者合理推論，艾德熊根本在敲他們的竹槓！

這類問題不限於漢堡行家。結果發現，就連醫學專業人士，也無法避免數學謬誤。計算藥物劑量時，美國醫護人員也有出錯的情況。事實上，這情況實在太普遍，甚至出現協助醫護人員簡化數學的服務，如 eBroselow.com 網站，他們的口號就是「除掉醫藥裡的數學」。

數學是開啟未來之窗

國家的未來，繫於國民的教育程度。我懷疑有多少人會爭論這點。國家之所以重視數學落差，不是為了速食餐廳的漢堡價格，也和醫師偶爾傷透腦筋的藥物劑量無關。它關乎學生的成績水準，而這些學生將來會長大，成為決定這民主國家不可或缺的一份子。

這才是應當熱切關注之處。

國際學生能力評量計畫（Program for International Student Assessment Examination, PISA），二〇一二年排名全球高中生數學成績，其中美國排名……二十七名，跟俄羅斯、匈牙利和斯洛伐克同病相憐。

排名最佳的是誰？上海、香港、新加坡及台灣。根據研究，上海十五歲孩子的數學表現「領先……麻州……超過兩年」，而麻州已經是「美國成績最強州」之一。

當然，有人會認為：「我們得分低，是因為表現差的學生比例較高，所以拉低了平均分數。」但這只是無效的自我安慰。美國「數學表現佳者」也明顯較少。數學得分為「高級」的學生，美國不到九％，相較之下，上海學生高達五五％，新加坡四〇％，而加拿大超過一六％。

十五歲美國人的數學成績落後，可分階段追溯至八年級、四年級、一年級，甚至幼兒園。而另一方面，中國兒童極早就在數學方面表現優異，包括了加法、減法、計算，甚至能在零至一百的數列上，正確標出特定數字的位置。研究發現，中國幼兒園孩子的估算能力，與美國小學二年級生相仿。

美國前教育部長阿恩．鄧肯（Arne Duncan）回應數學成績排名，第一項建議是：「美國必須開始認真『投資早期教育』。」他的建議包括了全面提升學術水準、降低大學學費、加強聘用並留住頂尖師資。但我認為他最棒的建議，是改善孩童五歲前的教育，這幾年極其關鍵，會影響學生終身的學業成就，包括數學在內。

為何有些人學起來比較容易？

為何美國小孩的數學，落後得如此嚴重？而中國及其他亞洲國家的孩子表現優異？我們該如何改善？

儘管確切答案仍有待查明，但有些重要之處卻值得探索。舉例來說，有人提出中國孩子能在早期掌握數學，是因為中文的緣故。例如：中文數字的十一是「十和一」，只要在十之後，合乎邏輯的加上一就可以。此外，亞洲國家的家長及老師，在數學指導上似乎明顯不同。

早期的數學研究，跟在哈特與萊斯利之前的語言研究類似，較少去發掘數學程度差異的原因，而著重探討孩子在數學發展上的普遍現象。當時人們公認，孩子入學時在數學上都是「新的開始」，根據個人的先天能力去理解數學。以「認知發展理論」影響教育學至深的發展心理學家皮亞傑，的確認為數學應該被排除在早期兒童教育外，原因是小小孩處於「前運思期（preoperational）」，尚未準備好進行抽象的數學思考。

一名皮亞傑的忠實信徒說：「平均四至五歲的孩子可能會數數……最多可能會數到八或十，但皮亞傑富啟發性的實驗顯示……這些孩子展現……口語的假象背後……並無一絲一毫的……數字概念。」

當研究者開始觀察小小孩、學步兒、嬰兒，乃至於新生兒後，才發現遠多於「一絲一毫的數字概念」。驚人的是，研究者發現，幾乎從生命第一天開始，人類就有數學能力。

這研究與皮亞傑的理論相反，證明嬰兒來到這世上，天生就有非口語的「數感」與「約略估計」事物相對數量的能力。事實上，甚至才兩天大的新生兒，都能玩一種數字配對遊戲。研究者發現，當他們對新生兒播放某個特定數量的音節，嬰兒能對應到正確數量的幾何圖形。比方說，新生兒聽到「tuuuu tuuuu tuuuu tuuu」的聲音，會注視畫有四個正方形的圖片較久；聽到十二個音節，則會注視畫有十二個正方形的圖片較久。更令人印象深刻的是，嬰兒六個月大時將聲音數量與物體數量連結的能力，通常能預測日後的數學能力。

概數感

這種「概數感」（approximate number system）是我們建立數字能力的第一階段，這種能力幫助我們估計數量，而後進行與估數相關的基本數學步驟。

身為成年人，當我們有機會在好幾罐 M&Ms 巧克力中做選擇時，除非正在嚴格節食，否則一定會瞄準巧克力最多的那罐；其實就算在嚴格節食，一樣會憑數字做選擇。在超市排隊時，我們看到收銀台前有十排隊伍，就會迅速評估每排的長度，然後趕緊朝最短的那排前進，以免被其他也在計算隊伍長度的顧客搶先。在這兩個例子中，我們都是在運用概數感，不過可別因此沾沾自喜，要知道這不是人類特有的能力。老鼠、鴿子、猴子等其他動物，也都有這項天生的感覺。

不幸的是，雖然我們的天生數感似乎有助於理解與數字相關的詞彙，但並非如此。事實證明，它只是重要的其中一環。

基本原理，不是一、二、三那麼簡單

即使具備到位的概數感，從新生兒有能力估計數量，到後來學習代數、微積分及更高等的數學，仍有一條漫長的路要走。科學強烈顯示，早期語言環境再度變得至關重要。因為概數感雖能給予我們憑直覺估計數字的早期能力，無須仰賴文字或符號；但要發展到較高的數學能力，卻絕對仰賴語言。

許多家長都知道，契瑞歐（Cheerios）不只是圓圓的麥片，還是早期教數字的一種方式。「一、二、三、四、五，」我會對我小女兒艾蜜莉這麼說，同時把契瑞歐麥片放到她的高腳椅托盤上，然後再說一次：「一、二、三、四、五！」那時一歲大的她，毫不關心自己的數學敏銳度，只是跟著重複：「一、二、三、四、五。」嗯，其實不是真正在數「一、二、三、四、五」，但對一個母親來說，這已經相當接近了。我會鼓勵她：「非常好。」母女相視而笑，而她透過用餐過程，迅速累積技能與優勢的大腦，會儲存數字及相關詞彙，做為之後運算的基礎。

幾乎所有小小孩都跟艾蜜莉一樣，會重複一串數字：「一、二、三、四、五」。當孩子這麼做時，家長們會對他們眉開眼笑，好像自己正一手拉拔成長中的愛因斯坦。但是對孩子來說，要理解這些字不是指單獨的個別事物，而是指一「組」個別事物，這是一條非常漫長的旅程。

意思是，當孩子數「一、二、三、四、五」，每數一個數字，就指著一顆麥片，其實對他來說，每個數字似乎是指一樣東西。若能理解「五」這個字，其實是五樣東西做為一組的抽象概念（五顆麥片、五隻兔子、五根手指頭），是一大躍進。一旦領悟這項事實：「數字代表一個群組裡的個別事物，不論一組有兩個或二十二個。」代表孩子理解所謂的「基本原理（cardinal principle）」。理解這概念非常重要，象徵他正在通往理解更高等數學的路上。

掌握基本原理這件事，最理想的狀態是在大約四歲時完成。這為何如此重要？加州大學爾灣分校的傑出教育學教授格雷格．鄧肯（Greg Duncan），曾透過其他重要研究證明，孩子入學時的數學技能，可以預測他們小學三年級的數學及讀寫成績，以及十五歲時的數學成績。儘管先天的數學潛力可能占有一席之地，但生命前三年的語言環境差距，似乎也扮演了重要角色，足以決定哪些孩子在入學時具備數學技能，並且走在正向的數學軌道上。

真正重要的親子數學對話

第一章提過芝加哥大學的萊文，她與同事在語言發展專案中，總共追蹤了四十四名十四至三十個月大的孩子及其家人，使我們更深入理解，早期語言環境對整體認知發展的重要性。

他們在研究期間煞費苦心，錄製親子在家裡說的每個字、每個姿勢與互動，而這項研究證實哈特與萊斯利的發現：孩子早期的語言環境，對日後的學業成就極其重要。但萊文及其團隊揭開「親子對話」更細微而有力的影響。

萊文仔細檢視錄製的影片，發現因數學對話的巨大差異，加劇了話語在量與質上的預期差距。

在五次九十分鐘的家訪中，有些孩子聽到大約四個數學導向的字，其他孩子則聽到超過兩百五十字。因此，一週內，有些孩子會聽到二十八個數學相關字，其他孩子則聽到一千七百九十九字。推論到一年，表示有的孩子只聽到約一千五百個數學相關字，與聽到接近十萬字的孩子形成對比，差距龐大。

接著，萊文與同事進行一項測驗，想判斷這些差異是否可以預測孩子的數學能力。他們拿兩張卡片給四歲以下的孩子看，每張卡片上有不同數量的圓點。他們對孩子說一個數字，然後要他指出上面有那個圓點數量的卡片。當然，研究者想要知道，孩子是否能將數字相關字詞，配對到實際的圓點數量。

結果無庸置疑，接觸較多數學對話的孩子，更可能選出相對應圓點數量的卡片。相較於很少聽到數字對話的同儕，他們更能理解數學的基本原理。這項研究也證實了親子對話的力量。

空間能力

從「空間」一詞而衍生的「空間能力」，是另一項與數學相關的技巧，是指理解事物彼此間在物理上的關係。例如：太陽和地球間的距離、一塊拼圖與另一塊拼圖的組合方式、帝國大廈一樓與第一百零二樓的差異。「空間能力」也指空間視覺化、採取正確方向，甚至就連我們看到DNA（去氧核糖核酸）知名的雙股螺旋結構[4]，也是一種空間能力的展現。

一九八二年，阿倫．柯路克（Aaron Klug）在諾貝爾獲獎演說中，感謝羅莎琳．富蘭克林（Rosalind Franklin）的二維平面圖像，使他與團隊得以配置核酸及蛋白質的三維立體結構。這是「空間智能」讓天才成就天才的例子。

空間能力是科學、技術、工程及數學成就的重要預測指標，它似乎也奠基於「親子對話」。萊文在她的研究中，檢視家長與孩子「空間對話」的差異，了解他們如何表達物體的尺寸與形狀，例如：圓形、正方形、三角形、比較大的、圓的、尖的、高的、矮的等，以及這些表達差異，是否會影響孩子對物體空間關係的理解。

研究結果令人印象深刻。從孩子十四個月大開始，長達兩年半的研究中，每個孩子聽到空間對話的數量與形式，有著極顯著的差異。在十三．五個小時的錄音時間中，有些孩子聽見的空間字彙少到只有五個，有些孩子則聽到超過五百二十五字。不出所料，聽到較多空間字彙的孩子，較可能說出更多空間字彙，呈現從四字到約兩百字的驚人差距。

兩年後，也就是這些孩子四歲半左右，研究團隊再度評估，檢視他們的空間能力，包括：心像旋轉物體、複製圖形設計，以及理解空間類比、空間知識的假設分析能力。

結果再次不出所料。萊文的團隊發現，聽到並使用較多空間字彙的孩子，在空間測驗的表現更為優秀。資料顯示，不是因為這些孩子「比較聰明」，完全是跟他們的空間字彙經驗有關。

萊文的著作證實，話語能夠發展具體的非口語能力。當然，問題在於它是如何發展？若孩子經常聽到關於物體的實體設計，以及物體之間的關係，是否能提升對空間設計與空間關係的意識呢？對我來說，這只是再次證明大腦的驚人力量，它能超越話語原本傳達的概念，轉譯為更廣泛、複雜的理解及能力。

---

4 作者注

羅莎琳．富蘭克林畫的平面圖像，後來詹姆斯．華生與佛朗西斯．克里克（Watson and Crick）將之重製成三維立體模型。

然而，雖然以正確「知識養分」餵養孩子的大腦，是幫助他有效理解一門學科（像是數學）的第一步，但在四歲半理解空間關係的孩子，並不都會成為愛因斯坦或特斯拉。如果極富鋼琴潛力的孩子，被提醒「現在該練琴了」，回應卻是「等一下啦」，也許過了三十年，他仍只會彈初級練習曲〈筷子〉；要是一個孩子在四歲半時具備優秀的空間技能，卻喜歡踢足球、寫短篇故事勝過練習數學，可能永遠不會成為數學家。基礎是在那裡沒錯，但孩子必須對此有興趣，並且勤奮的練習再練習。

性別差異：隱約的影響，如何造成深遠的結果？

早期數學對話能促進日後的數學成績，這說法可能在傳統上就已經避開了女生。儘管未獲所有研究結果證實，但一項針對中產階級至中上階層母親做的研究，兩歲以下女兒接收到的數學對話，總量是兒子的一半。此外，該研究所調查的女生，接收到基本的「基數（cardinal number）」對話，大約是男生的三分之一。

雖然不是所有研究都顯示，早期接觸數學對話存在性別差異，但可能是更強而有力的對話形式，影響了女生的數學成績，那就是「性別刻板印象」。這很可能是導致女生遠離可能有興趣的領域，阻止她們參與科學、技術、工程、數學等重要領域，在其中發展專長並做出貢獻。

研究指出，這問題可能始於生命第一階段，家長和社會對女生數學能力的偏見，轉化為缺乏鼓勵與隱約的攔阻。即使只是微妙告知女生們，「她們對數學沒興趣」，通常在數學上具體的表現也不會好。

這情形是如何發生的？這難道不是呼之即來的天生能力嗎？不是，就如我們所知，話語不只會影響自我形象，也會影響技能。當你的自我形象是數學「表現欠佳者」，在面對學習數學技能的挑戰時，你的大腦會拚命爭論，告訴你真的做不到，形成通往成功路上的心理障礙。

即使你先天具備學習能力，也會被煽動擾亂的懷疑，逐步破壞至消磨殆盡。即使是數學表現良好的女生，也常自認比男性同儕差，這種自我刻板印象早在女生七歲時便顯而易見。而這顯然會對長期成就造成影響，我們可以看到，只有相對少數的女性從事數學、工程與電腦科學領域。

不過最近的研究指出，這情況可能正在改變中。美國人數學成績的性別差距正在縮減，跟男生一樣數學表現良好的女生數量增加，從事STEM領域[5]工作的女性數量也在增加。重要的是，很可能是因為「性別決定數學能力」這偏見被改變，同時家長與學校針對女生學習數學，有更多積極的做法。

最大的諷刺是，性別刻板印象似乎是由母親傳承給女兒，反映出將一個世代的不安傳遞給下一代，代代相傳，永無止境。即使實際的數學成績擺在眼前，媽媽始終高估兒子、低估女兒的數學能力，並且更傾向讓兒子參加數學活動，影響他實際的參與度及興趣。此外，研究還發現，與對待女兒相比，媽媽較常預測兒子會在數學相關事業獲得成功。最令人驚訝且悲傷的是，無論女生在數學方面表現多麼良好，在面對實際的學業成績上，她們早已內化了這觀念。傳統思想告訴我們，當女生成功，多數人憑直覺認為是因為她們「用功」；當女生失敗，則是因為「能力不足」；相反，當男生成功，那是因為他們「有天賦」；當男生失敗，則是因為「不夠用功」。

《搞什麼，又凸槌了？》（*Choke*）的作者翔恩・貝洛克（Sian Beilock）有項研究，探討壓力、焦慮如何影響專業學習與表現。她和萊文在針對學習的研究中，發現另一項有力例子，證明女人會將自己對數學的不安傳給女孩。這項研究檢視小學老師對數學成績的偏見，為學生帶來的影響。在這女性占九〇%的職業中，其中僅有一〇%擁有數學背景，整體來說，在所有大學主修課中，她們往往對數學展現最高度的焦慮傾向。

研究對象是十七位小學一、二年級的女老師及其學生。學年一開始，老師們接受數學焦慮評估，而五十二名男學生與六十五名女學生，在教室裡接受基準數學程度評估。結果發現學生的數學程度，與老師的「數學焦慮」程度完全無關。

到了學年末，老師們在學年開始時顯露的焦慮，會反映到班級的女學生上。研究發現在有「數學焦慮」的老師班上，到了學年末，研究者要女學生針對聽到的故事畫圖，她們聽到「一個擅長數學的學生」，比較可能畫男生；聽到「一個擅長閱讀的學生」，則比較可能畫女生。小學老師把自己對數學的焦慮，以性別刻板印象傳遞給某些女學生。不僅如此，將這些負面性別刻板印象內化的女學生，其數學成績測驗的整體表現，也明顯比男學生差。

另一方面，在沒有「數學焦慮」的老師班上，女學生比較不會在數學上展現性別刻板印象，而且得分跟男學生一樣高。

編按5 即科學（Science）、技術（Technology）、工程（Engineering）及數學（Math）四門學科相關領域，STEM是四個單字開頭合起來的縮寫。

計算差異

我的外婆莎拉・格魯克（Sara Gluck）出身貧窮移民家庭，她在一九三〇年代驅策自己進入匹茲堡大學，而且——你猜對了——她主修數學。她是家中第一個大學生，靠著身兼兩份差完成學業，卻在最後一年轉攻教育。外公告訴我，因為當時女人唯一能做的工作，是老師和護士——又一則性別刻板印象的故事。

外婆和我們這兩代的其他女性有何差異？可惜現在已無從確認。但我聽說外婆非常堅強而有決心，這或許能提供一條線索。我想她會是心理學家卡蘿・杜維克（Carol Dweck）原本想採訪的對象。

卡蘿・杜維克與成長性思維研究

杜維克是史丹佛大學心理學教授，著有《心態致勝：全新成功心理學》（*Mindset: The new Psychology of Success*）一書，是成長性思維（growth mindset）運動的領導者，這是一場為教育界帶來深遠影響的思想革命。杜維克認為，每個家長與教育工作者都不該灌輸「能力至上」的想法，而必須使孩子了解到，「努力」是成功的關鍵因素；而失敗的主因往往是「放棄」，而非「能力不足」。

杜維克表示，如果單純讚美一個人的先天能力，像是說：「你數學真的很棒。」「數學對你來講很簡單。」毫無意義，因為這樣說所傳達的理念是，數學是一種我們生來就決定有或沒有的固定「天賦」。這種訊息排除了毅力、投入與努力的重要性，意味著我們無法輕易做好某件事，就是因為不夠聰明，再怎麼嘗試都沒有意義。

在《為何沒更多女性從事科學？》（*Why Aren't More Women in Science?*）一書中，杜維克撰寫〈數學是天分嗎？置女性於危險的信念〉（*Is Math a Gift? Beliefs That Put Females at Risk*）這篇文章，充分評論自己及其他人關注女性在科學界角色的研究。科學證實，女性在潛移默化中相信的性別刻板印象，就是她們數學表現欠佳的關鍵原因。杜維克指出，到了八年級，女生和男生的數學成績已有極大的差異，但僅限於那些相信「智力有性別差異且固定不變」的女生；那些相信智力為可塑、可改善的女生，性別刻板印象的影響幾乎不存在。

另一方面，對男生來說，相信或不相信刻板印象，與他們的成績則沒什麼關係，可能是因為他們並未受到負面刻板印象的影響。

在解決「該怎麼做？」這部分問題時，杜維克及其他人提問，如果向學生傳遞信念，駁斥能力固定的說法，說服他們數學成績不是靠天賦，而是努力的結果，會怎麼樣呢？會對學生的數學能力造成影響嗎？

針對這個問題，他們對國中生進行一項八期專案，因為國中階段通常是數學成績下滑、性別差距變得最明顯的時期。實驗組被告知：「大腦就像肌肉一樣，智力與專長會隨著時間不斷累積。」控制組只學習一般技能，並未提及智力可塑性的問題。

對於那些被性別刻板印象影響的人，研究結果並不意外。而實驗組學到智力是不斷發展的過程，他們一年後的成績，明顯高於控制組。事實上，在實驗組中，數學成績的性別差異幾乎不存在；反之，在控制組中，發現女生的表現明顯比男生差，有力證實了杜維克的理論。

這研究還有一項有趣的發現。老師們後來被研究者要求，評估每個學生的學習動機。在不知道學生屬於哪一組的情況下，老師們認為實驗組學生「在學習動機上有明顯改變」，這樣的結果進一步證實，話語不僅有助於發展特定技能（如：數學），對於學習的基本動機，也具有潛在的影響力。

動機與決心

我們會加法、會下標點符號、會計算自己在宇宙中的位置。現在我們要往哪裡去？又願意為抵達目的地投注多少心力？

正如我們前面說過的，對小小孩說禁止、負面的話語，會阻礙他的大腦發展與學習。但這是否表示，只要說「你好厲害」、「你好聰明」、「你好有才華」，就能讓孩子變得厲害、聰明、無所不能？答案是……不能。

事實證明，有些讚美孩子的方式適得其反，也悖乎常理。畢竟，我們連珠炮的對孩子說：「你好聰明。」「你好有天分。」是覺得若能讓孩子認為自己聰明，他就會因此變得聰明。這聽起來理所當然，當一個人自我感覺良好，就可以做到任何想做的事。

真的是這樣嗎？

杜維克給出否定的答案。這樣的讚美形式，是第二次世界大戰後的美國現象。當時除了經濟空前的成長外，養育孩子的方式也徹底改變，與前幾個世代顯然不同。在過去，孩子通常被期待要「適應」家庭，父母鮮少繞著孩子的需求轉，之所以如此教養，有部分原因是受到艾茵·蘭德（Ayn Rand）的弟子兼情人——心理治療師納撒尼爾·布蘭登

（Nathaniel Branden）的鼓舞。

布蘭登在《自尊心理學》（*The Psychology of Self-Esteem*）書中闡述，自我感覺良好是個人幸福與解決社會問題的關鍵。對當時鮮少嬌生慣養的成年人來說，這個理論正中下懷。

布蘭登的理念也引起加州眾議院議員約翰・瓦斯康賽洛斯（John Vasconcellos）的興趣，因而成立了政府特別專案小組，以「提升自尊、個人及社會責任」。它的終極目標是在加州「注射自尊」做為「社會疫苗」，協助打擊犯罪、改善低落的學業成績、根除少女懷孕、吸毒，以及其他困擾社會大眾的弊病。家長及學校體系被宣導要讚美孩子的智力，讓他們「覺得自己很聰明」，期望這樣做能激勵他們好好學習。

在這段時期，每個棒球隊的孩子無論輸贏，擊出全壘打也好，三振出局也罷，人人有獎。因為家長以為批評就代表永久傷害自尊心，並為此極度苦惱。

在我的書架上，放有該專案小組的總結報告：「邁向一州的自尊」。它整齊端坐在兩部巨著之間，因年代久遠而散發出些許霉味，成為一種警訊：某項觀念能激勵一群人，但如果經驗不能證實，科學無法確認，那麼無論聽起來有多美好，它最好的命運還是舒舒服服、不事生產，永遠端坐在書架上。自尊運動聽起來很美好，不過它就是徒勞無功，正如一則批判評論所說，自尊理論「被有缺陷的科學汙染」。

然後，杜維克出現了，她說：「如果讚美無法掌握得當，可能會變成一股負面力量、一種毒藥，不僅不能勉勵學生，還會讓他們變得被動，習慣倚賴他人的意見。」

從杜維克的研究中，我們看到一條截然不同的育兒路徑。我們想達到的目標，不是自尊、聚焦內在或自鳴得意。我們希望的是，孩子在面對任務時，不管挑戰多艱難、要花多少時間，都能立即開始思考如何去完成。若你想到這些，會發現這是家長一直追求的目標：養出穩定、積極、自動自發的成年人。杜維克的科學研究向我們顯示，要達成這個目標，靠的是百折不撓的決心，而不是靠天賦。我們真正希望孩子擁有的態度，是在面臨阻礙時能找出克服之道，而非輕言放棄。

那就是所謂的「恆毅力（grit）」。

「恆毅力」這個教育界新推出的口號，是一種頑強的特質，激勵孩子朝目標不屈不撓的努力。賓州大學心理學教授安琪拉．達克沃斯（Angela Duckworth），與《孩子如何成功》（*How Children Succeed*）的作者保羅．塔夫（Paul Tough），是推動這觀念的核心人物。雖然這不是一個非此即彼的問題，但顯而易見的是，無論你多聰明、多有才華，若缺乏決心（恆毅力）這要素，那些特質也將愈來愈無關緊要。

雖然恆毅力的重要性無可否認，但要如何將它充分灌輸在孩子身上，甚至該如何測量它，這方面的技術都還不成熟。儘管如此，過程已然展開。達克沃斯主動調查培養恆毅力的方式，注意到：「擁有較多成長性思維的孩子，往往較有恆毅力。」儘管恆毅力與成長性思維並非完全相關，但成長性思維讓孩子認為：「我可以變得更好，只要我更努力嘗試，就（可能）幫助我成為……一個（更）頑強、堅定、勤奮的人。」達克沃斯表示：「（擁有成長性思維的孩子）在失敗時，更可能會鍥而不捨，因為他們不相信失敗是永久不變的局面。」

說明一下「聰明」與「堅毅」之間最大的差異。

自認先天「聰明」的人如果不會做某件事，會認為是因為自己不夠聰明，或者有人採用不正當的手段，又或者反正沒必要做……然後放棄。

「堅毅」的人如果不會做某件事，則認為因為這只是第一次嘗試，接下來還有許多嘗試的機會。他們不放棄，不願不戰而降，因為相信只要願意努力，自己可以做任何事。

智力，在先天「聰明者」的眼中，是固定、無法改變的事物。而「恆毅者」則是下定決心要成功，那才是幫助他們成功的關鍵。

而杜維克的「成長性思維」與「定型化思維」，顯然有相似的對比。「成長性思維」

相信智力透過挑戰而增強；「定型化思維」則相信能力至上而無法改變，你要麼聰明，要麼不聰明；你要麼會做，要麼不會做。定型化思維往往是在讚美「天賦」（例如：你好聰明、你什麼都會）中長大的結果，它會妨礙人面對困難時繼續挑戰。

一九九八年，杜維克在她的關鍵研究中指出，僅以單一路線讚美，也就是只「基於個人」或「基於歷程」去讚美，會深刻影響孩子是否能承擔挑戰。

杜維克的一項研究，是讓一百二十八名五年級生進行一項拼圖任務。完成之後，有些孩子獲得的讚美是「聰明」，有些孩子獲得的讚美則是「努力」。接著孩子們可以選擇第二項任務，其中一項任務比較難，但他們「會從中學到很多」，另一項任務則與第一項任務的難易度接近。被誇「聰明」的孩子們，有六七％選擇了簡單的任務；而被誇「努力」的孩子們，有九二％選擇了較難的任務。

斬釘截鐵的研究文獻出爐，再度肯定卡蘿．杜維克的先驅性發現，證實「基於個人」與「基於歷程」的讚美，帶來驚人差異的結果。研究發現，抱持定型化思維的孩子，是因「基於個人」的讚美所致，一旦事情變得富有挑戰性，他們比較可能放棄，甚至在失敗之後，更可能持續表現不佳、每況愈下。此外，他們為了讓自己顯得聰明，更可能在成績方面撒謊。因為被人認為「聰明」，是他們表面形象中相當重要的一部分。

三歲前的讚美

我在芝加哥大學的良師與同事萊文、戈登－梅鐸與杜維克一同合作，研究童年早期的讚美會帶來什麼影響。由教授莉茲．岡德森（Liz Gunderson）領導，做為芝加哥大學長期語言發展專案中的一部分，檢視一至三歲的孩子，分別從父母那裡獲得的讚美類型。五年後，他們追蹤觀察孩子的思維（即成長性思維或定型化思維），是否與獲得的讚美類型有關。

其間的關聯令人印象深刻。

他們研究的第一階段顯示，在孩子十四個月大時，父母已建立一套「讚美風格」，也就是讚美孩子「聰明」或「努力」。

五年後他們發現，若孩子獲得較多「基於歷程」的讚美，也就是三歲前被稱讚勤勉與努力，到了七、八歲時，更可能抱持成長性思維。更令人矚目的是，他們發現，成長性思維能預測小學二至四年級的數學及閱讀成績。證據顯示，這些孩子傾向相信，自己的成功是努力與克服挑戰的結果，而本身的能力可以透過努力而改善。

然而，在讚美中也出現令人憂心的性別差異。雖然研究結果並不一致，但在出現性別差異的研究中，發現男生較可能獲得「基於歷程」的讚美，而女生則較可能獲得「基於個人」的讚美，即使年僅十四個月大，情況也是如此。這些研究中的女生，比較可能以定型化思維來看待自己，並且認定能力永遠無法改變。目前證實這些發現的研究，都還在持續進行當中。

儘管關於讚美是否存在性別差異，結果仍有待證實，但「基於歷程」的讚美與「基於個人」的讚美，兩者的影響似乎不言而喻。不論用哪一種讚美，家長的育兒目的其實都一樣，希望給孩子正面影響，但科學告訴我們，想要成功達到目的，最好使用「基於歷程」的讚美。

重新定義恆毅力

因此，當我們討論恆毅力，指的是過去所說的恆毅力？還是有我們想要的恆毅力，也有用不著的恆毅力？

我詢問芝加哥大學的特許學校執行長埃文斯：「在你消弭『信念落差』的路上，若學生根深柢固的認為，自己就是無法達成目標，你會嘗試灌輸恆毅力的觀念嗎？」我猜想，會不會信念落差，其實只是缺乏恆毅力的另一個例子？

「完全不會。」埃文斯如此回答，並說他學校裡的孩子有大量的恆毅力，而且憑著恆毅力做很多事；只是那些事情，不一定會提升他們的學業成就。埃文斯認為那些孩子需要的，是重新定向他們的恆毅力。事實上，那正是埃文斯及同事們提供孩子的幫助。

自我印象決定學業表現

想像你住在犯罪猖獗的社區，為了上學，每天必須在住家附近轉乘各路公車；想像你必須面對用負面眼光看待你的社會大眾，即使他們根本不知道你是誰；想像你展望未來，只看見一片無法透視的黑暗簾幕，前面是一道窄門，幾乎容許所有人進入，除了你，或「像你那樣」的人以外；想像你來自一個貧乏、不平等的教育及醫療體系，獲得不平等的工作機會……

換句話說，想像你過著不公平的人生。這樣的孩子擁有恆毅力嗎？埃文斯說：「他們有很多恆毅力，否則要如何存活下去呢？」

對埃文斯及他的同事來說，重新定向學生的恆毅力，代表著鼓舞學生不僅完成高中學業，還要繼續上大學，進而邁向實現目標及夢想的人生。這取決於學生建立成長性思維，一種認為「他們可以做到」的內化思想；這要靠他們下定決心。歸根究柢，就是從那個反覆強迫灌輸學生各種理由，叫他們不要相信自己的世界，收回力量，並且使用那股力量達成目標。

埃文斯的想法獲得科學研究證實。研究顯示，自我刻板印象是影響學業表現的重大問題，而灌輸少數族群學生「成長性思維」的觀念，是對抗這種威脅的重要因素。在一項專門測試「負面自我刻板印象對成績的影響力」的療育方案中，團體裡的少數族群學生是實驗組，接受了智力可塑性的教導，結果與控制組相比，他們獲得較高的平均分數，降低了四〇％的種族成績落差。

在二〇一二至二〇一四年間，從這所特許學校的畢業生，準備要進大學的比例是一〇〇％：每年全體畢業並升上大學。

學習的基本要素

智力、成長性思維與恆毅力，都是達成目標的重要因素。但若缺少另一項關鍵要素，它們就如某些研究專家所形容，無非是兀自旋轉的苦修僧[6]，一無所獲。

我在第二章曾提及芝加哥大學經濟學教授赫克曼，他是二〇〇〇年諾貝爾經濟學獎得主。赫克曼的研究說明，社會投資在孩子早期，能省下大量金額。根據計算，每投資一美元在孩子生命最初數年，社會將獲得大約七至八美元的利潤。這無疑是一項絕佳投資。

二〇一四年，赫克曼為了找尋減少不公平、促進人類發展、了解如何讓個人發揮最大潛力的人生目標，在芝加哥大學成立了人類發展經濟學研究中心（Center for the Economics of Human Development）。該中心的專案計畫包括：童年早期評估、研究鼓勵家長投資在孩子身上的策略、測量及培養非認知技能（如：誠實和毅力）、釐清基因與環境間的關係等。這個中心擁有企管及社工雙碩士的執行董事艾莉森．波洛斯（Alison Baulos），以及盡忠職守的五十名研究員和員工，終極目標是知道哪些要素較可能優化人生成果，例如：教育程度、事業成功、身體健康、養兒育女。

我初次與赫克曼見面時，他的辦公室外有來自世界各地的博士生喧譁著，他也令人印象非常深刻：身材高大，一頭白髮，魅力十足。他招待我進辦公室，請我坐在他對面的一張椅子，然後我們開始談話，或者更確切的說，是我開始說話。他的注意力熱切而集中，幾乎像一台捕捉資料並高速分析的電腦。

當我停止說話，他往後靠並侃侃而談，告訴我應當問他什麼。根據赫克曼的看法，孩子學業成功的重要決定因素是自我調整（self-regulation）與執行功能（executive function）。孩子若缺乏自我調整與執行功能，就沒什麼成功機會，就此而言，其實我們每個人都一樣。因此，為確保所有孩子能發揮這些強項，「投資童年早期」就成了優先考慮的重要事項。

自我調整與執行功能，有時也被稱為「品格」或「軟實力」，都是指監控個人行為的能力。心理學家沃爾特．米歇爾（Walter Mischel）曾用棉花糖測試這些技巧。

一九六〇年代晚期，史丹佛大學心理學教授米歇爾進行了一項實驗，想測試孩子是否能等待較大獎賞，或是選擇立即取得較小獎賞；較小獎賞是一顆棉花糖，較大獎賞是兩顆

6 編按 whirling dervishes，由十三世紀一代宗師魯米創立的蘇菲旋轉，以旋轉做為重要修煉方式，在文中比喻可意譯為唱獨角戲。

棉花糖。數十年後，他出版《忍耐力》（*The Marshmallow Test*）這本書，其中收錄他的研究結果。結果指出，能夠等待較大獎賞的孩子，數年後較可能在學業上表現得更好。

自我調整與執行功能：前額葉皮質

能夠延遲滿足，等待較大獎賞，其實象徵了更重要的行為，包括：避免衝突一觸即發、阻擋不當的勃然大怒、控制對誘惑的回應，以及約束暴力反應（如：生氣尖叫、動手打人）。這能力又被稱為「抑制控制」（inhibitory control），也就是抑制那些負面或加劇問題的「本能」反應。

執行功能與自我調整無關智力，它幫助我們在試圖解決問題時，能夠保持穩定，而不是以衝動的方式回應，使問題惡化。

想要進入有生產力而穩定的成年期，這些技能是如此不可或缺，卻不是與生俱來的天賦。它們深受我們童年早期環境的影響，經過嬰兒期到成年早期的漫長時間，透過逐漸培養與改進而形成，並且與腦部前額葉皮質（prefrontal cortex）密切相關。這正是家庭環境的重要之處，因為前額葉皮質並不會積極、正面的自行發展，成為完美的自我調整與執行功能中心（若是如此，人生會容易許多）。事實上，從我們出生那一刻起，前額葉皮質就對焦慮和威脅反應敏感。情緒化、有毒的早期壓力環境，包括但不限於「負面而喜怒無常的親子對話」，會對前額葉皮質造成不利影響，妨礙自我調整與執行功能充分發展，最終損害孩子成年後處理生活壓力的能力。

舉例來說，自我調整與執行功能發展不佳的孩子，進幼兒園就會產生學習困難。就某種意義來說，如果孩子的心智無法讓自己安靜下來，專注於課堂上的資訊，那麼他就無法吸收那些內容，就是這麼簡單。結果不僅限制當下的學習，未來學習也預後不佳——無論孩子潛在的智商如何。

這種干擾不僅影響那個孩子，也影響全班同學，因為他的行為會打斷其他人的活動。為了減少影響，學校通常會把那個孩子撇在一邊，貼上「笨」、「壞」等難以去除且有預言性質的標籤。

雖然所有孩子都容易受影響，但統計數據顯示，出身貧窮的孩子（特別是男孩）風險更高。為什麼會這樣？這有許多可能原因。貧窮本身就充滿壓力，它讓人缺乏盼望，處於身心俱疲的複雜狀態。即使在最好的狀況下，孩子的出生仍是一種壓力源，可能惡化處境。此外，貧窮者通常生活在充滿高壓的環境，包括可能發生在門外的暴力事件。

孩子會受到壓力的影響，這點並不令人意外。雖然生活中到處是壓力，有時輕微壓力或許對人有正面影響，不過孩子若接觸長期、有毒的壓力，進入幼兒園時，可能已有自我調整與執行功能的問題。這些問題往往一路跟隨孩子，持續整個學業與工作生涯。

了解問題為何會發生，極其重要。

一個家庭若處於長期壓力中，口語交流是嚴苛的指責與威脅，孩子大腦的「避風港（haven）」變成「過度警覺（hypervigilance）」，也就是會持續處於防禦眼前攻擊的狀態。有時這也被稱為「戰或逃（fight or flight）」反應，大腦開啟這種時刻防禦系統，試圖保護自我。但問題在於，保護到最後大腦將失去分辨「環境是否有威脅」的能力，把所有精力都花在防患未然，以致嚴重影響其發展。

這種大腦成長的損失，是全神貫注於自我防衛的結果，會嚴重縮減抽象學習的能力，包括了學習字母和「一加一等於二」如此基本的東西。而這種損失會年復一年的加重，等孩子到了青春期甚至成年，只會持續落後於同儕。至於他們真實的潛力如何？我們永遠不會知道。

孩子自我調整的關鍵

「親子對話」會影響孩子的自我調整與執行功能，但更重要的是，如果不靠外在提醒，孩子能否自己做到？比方說，當我們對孩子說：「用講的。」其實是在告訴孩子，停止某項行為並自我調整。但真正的自我調整，事實上必須由孩子自己告訴自己。這極其關鍵，因為人雖然總有控制行為的需求，但只有在不靠外在指令的幫助自然產生，大腦才能保持通暢的智力成長。

不過，我們告訴孩子：「用講的。」每次都能讓孩子轉而使用語言，取代較不積極正面的回應嗎？

答案是：「有時候會，有時候則未必如此。」

年僅三十七歲就逝世的俄國心理學家李夫．維高斯基（Lev Vygotsky），是了解兒童自我調整發展最重要的人物。他認為孩子的自我調整發展，是透過照顧者在與孩子的日常互動中傳遞文化規範，最後提供孩子仰賴大腦處理的自我調整。根據維高斯基的看法，孩子從「深受環境影響的奴僕」，也就是遵循照顧者的意願行事，進展為「自身行為的主人」，能妥善運用照顧者給予的工具。維高斯基認為，這些「工具」包括口語及非口語兩者，不過他將焦點放在語言上，視為孩子學習自我調整的主要工具。

當代科學支持維高斯基的假設，認為在孩子的自我調整中，語言技能扮演了重要角色。語言發展遲緩的孩子，無論是由於聽力損失、缺乏足夠的語言輸入或其他因素所致，出現自我調整相關問題的機率較高，反之亦然。專注於字彙發展的各種療育方案已顯示，能同時提升孩子的語言及社交技巧。一項改善學前兒語言技巧的療育方案發現，參與該方案預測能改善孩子進入青春期早期的社交技巧。驚人的是，在較難自我調整的男生，以及來自高風險家庭的孩子身上，出現了最大的正面效果。

關鍵心智工具：自我對話

二至七歲的孩子通常很愛閒聊，就算視線範圍沒有別人也是如此。這是件好事。事實證明，孩子的自我調整，其中一項關鍵心智工具是「自我對話」。學前兒的「私語（private speech）」，也就是眾所周知的「自言自語」，其實是一種預測指標，能判斷孩子是否有較佳的社交技巧，以及較少的行為問題。老師們認為，這種孩子會擁有較高的自我調整能力。

反之亦然。來自弱勢背景的孩子，像是在阿帕拉契地區（Appalachia）參與一項研究的那些孩子，已顯示擁有較貧乏且較少發展的私語形式，同時在自我控制及社交技巧上，也呈現比較負面的結果。

紐約大學的兩位教授克蘭西・布萊爾（Clancy Blair）與西布莉・拉韋爾（Cybele

Raver），在測試改善孩子自我調整與執行功能的課程效果時，進一步做了嚴謹對照「心智工具（Tools of the Mind）」的課程研究。這項標竿性研究，涵蓋二十九間學校與七百五十九名幼兒園孩子，顯示「心智工具」對執行功能、推理能力、控制注意力，甚至唾液皮質醇濃度（即壓力荷爾蒙指標）等方面的正向效果。他們的研究結果也發現，改善了孩子進入小學一年級時的閱讀、字彙及數學能力。

這些效果顯然切中極度貧困學校的需要，表示在小學早期階段，致力於執行功能及自我調整相關面向，有望協助拉近成績落差。就連布萊爾都對研究結果感到詫異：「我們發現，在極度貧困的學區進行心智工具的課程，他們在多數的基本細節上，竟變得與高收入學區的孩子完全相同。」

親子對話如何影響自我調整？

家長（照顧者）的語言在孩子日後調整行為及情緒反應的能力上，扮演了核心角色。孩子處於語言豐富的環境中，語言技能的增加，會促使自我調整的能力提高。反之亦然，家中較少親子對話，孩子語言技能的減少，會降低自我調整的能力。

新興研究告訴我們，甚至在嬰兒幼小到還無法理解語言時，這情況就已存在。事實證明，光是聽見聲音的自然順序，就已把嬰兒放在自我調整與執行功能的路徑上。這是因為人在學習語言的過程中，大腦聽見一系列的聲音，開始建立按特定順序處理事情的架構，而這是計劃與執行反應的前身，也是執行功能與自我調整的重要面向。

這項研究是在印第安納大學進行，對象是植入人工耳蝸的先天失聰兒，三位教授克里斯多夫・康威（Christopher Conway）、比爾・克隆那伯格（Bill Kronenberger）、大衛・畢索尼（David Pisoni）及他們的同事參與其中。他們得出的結論是：聽見語言本身，對孩子造成的影響遠超過語言技能；而聽不見聲音則會對執行功能與自我調整，帶來更基本而深遠的影響。

最理想的照顧者語言，能在孩子生命的最初數年，幫助他邁向獨立。每一點讚美、每一次朝支持或糾正所做的努力，都是一種有意識或潛意識的策略，為了讓孩子獨立做「好」及獨立行動。因為在育兒的各個層面能否成功，通常取決於照顧者是否敏銳回應，他們能幫助孩子練習適齡（或略高於能力範圍）的行為技巧，並學習解決問題。

維高斯基將鼓勵孩子表現得略高於能力範圍，稱為「近側發展區（the zone of proximal development）」。這方式能讓孩子輕易進入行為的更高層次，一般家長會對小小孩說：「現在把玩具收起來。」而近側發展區的方式是說：「我們玩完嘍，現在應該把玩具怎麼樣呢？」

第一種說法比較容易，由「長輩」下達必須完成的命令，無須說明；第二種說法則支持孩子發展初期的自主性，它被科學證實，對於孩子自我調整與執行功能的影響極大。研究發現，母親對一歲嬰兒平靜的提出建議，而非命令行為規則；當孩子到三歲時，會展現出明顯較強的執行功能與自我調整。

格拉賽娜．科柴斯卡（Grazyna Kochanska）、娜姍．阿克桑（Nazan Aksan）及其他人所做的研究也顯示，若家長鼓勵孩子控制自己的行為、向孩子解釋規定的理由，以及提出懲罰的非情緒化原因，就能強化孩子的自我調整能力。這些孩子較可能徹底思考問題，而不會出現立即的反應性行為。這種思考能幫助孩子，將家長的管理風格內化為自己的「私語」，成為自身行為的基礎。

與這種教養相反的另一面，是掌控型家長帶來的負面影響。若家長運用壓力和權威來限制孩子行為，可能會帶來短期的服從；但長期下來，則會導致孩子的自我調整與執行功能不佳，成年後還可能出現嚴重的自制問題。

家長言語的細微差異

規則主要有兩大類型：

- **指令：**限制孩子的命令，包括斥責與要求。
- **建議與提醒：**引起孩子的投入、意見或選擇。

家長在吼出指令的那一瞬間，未必會思考這些話的用詞或語氣，可能影響孩子將來成為怎樣的大人。比方說，當媽媽尖叫：「快從屋頂上下來！馬上！」當下她憂慮的是孩子能否長大成人，因此就沒多想其他事，孩子自我調整的問題暫時被擱置。

但是，科學的確向我們顯示，在這兩種類型的家長言詞中，「建議與提醒」有助於建立長期的自我調整能力，而大量的指令則會帶來損害。

關於如何適度使用指令，科學的立場並不明確。事實上，科學並未將指令歸類為絕對的負面。在早期，直接而明確的指令，似乎能促進孩子學習規則，發展適當行為的能力，而這關乎發展初期的執行功能與自我調整能力。

在人類發展的所有面向中，普遍性居次於個別孩子與環境之間的複雜互動。沒有人是以一張完全空白的畫布展開人生，等著周遭世界宣布我們是誰、我們可以做什麼、我們可以成為怎樣的人。自我調整與執行功能的發展，尤其如此；在它們的發展中，我們的基因與「先天」氣質不僅從中扮演要角；同時它們也協助我們判斷如何應對所在的環境。比方說，從出生起就有較多反應或「喜怒無常」的孩子，似乎被認為對環境過度敏感。這表示他們在掌控或敵意的環境，甚至變得更敏感，表現出較差的自我調整。不過從正面看來，有些研究發現，這些孩子在高度支持的環境，仍然可以茁壯成長。

即使缺乏絕對的科學根據，以下敘述也應無庸置疑：對所有孩子來說，溫暖、關懷備至、敏銳回應的環境，是最為理想的；充滿壓力的有毒環境，則是負面的，會抑制執行功能與自我調整的發展，對孩子現在及成年後的生活造成影響。

遊子[7]：雙語優勢

身為第三代美國人，我知道許多二手的故事，那是「從遠方過來」的滋味。我的外

7 編按
Huddled Masses，出自自由女神像基座的十四行詩句，在此意譯為遊子，以呼應作者文中描述移民後裔的身分，也應和當年的美國夢時代背景。

曾祖父十二歲時抵達美國，在匹茲堡一天花十個小時捲菸。母親告訴我：「他們搭上最卑微、破爛的下等艙，載浮載沉的漂洋過海，以貧窮換取貧窮。」

外曾祖父的父親與整個家族來到這兒時，沒有專長，身無分文，更重要的是，認識不到十個英文單字。但四十年後，從我母親童年生活開始，他們就只說一種語言：英語。母親說，他們除了使用一些母語的片語（大多是幽默諷刺的詞語）外，從不嘗試對「小孩」說英語以外的語言。事實上，他們認為如果「小孩」說或聽英語之外的任何語言，將有非常不好的影響。他們的想法錯了……但現在告訴他們為時已晚！

近期一些研究探討「能說超過一種語言的優勢」，發現會說第二種語言的孩子，擁有較佳的自我調整與執行功能。這項科學證據，駁斥了一九六〇年代以前研究的「傳統觀念」：認為雙語會對智力發展及智商帶來負面影響。有趣的是，這種傳統觀念有個文化偏見，那就是法語不在此限！因為法語總是走在時尚尖端。Bien sûr!（法語：當然！）

一九六二年，兩位教授伊莉莎白．皮爾（Elizabeth Peal）與華萊士．蘭伯特（Wallace Lambert）揭露了這些研究的破綻。他們採用標準化測量與精確樣本，發現能用兩種語言的人與只說一種語言的人相比，在口語及非口語兩方面都展現優勢。皮爾與蘭伯特引發科學文獻的激增，其中一些研究證實，雙語對執行功能具有正面影響。原本一般認為，嬰兒必須主動抑制一種語言，以便分辨另一種語言的意義，讓大腦忽視干擾並保持專注，但事實似乎更複雜、微妙。其實能說雙語的人，總是掌握著這兩種語言，而他們的大腦持續監控要用哪一種。

該領域的領導研究專家艾倫・琵亞麗斯托（Ellen Bialystok）說：「我們可能預期說雙語會充斥錯誤，就像你一滑倒就會說出不恰當的詞語，但這並未發生。」研究者相信，雙語的大腦總是準備好要說兩種語言，以確保自己對祕魯奶奶和代數課的學生，都能做出正確回應，不會搞混。雙語的大腦透過自我調整，持續監控要做出的適當回應。不僅在語言是如此，在人生中也是如此。

不幸的是，儘管我們正靠近美國史上重要的里程碑，百年前的信條依舊存在。很快的，美國的拉丁美洲裔人口將會占大多數，但仍有一些移民家長，希望自己的孩子只說英語。他們跟我外曾祖父堅守著一樣的信念，相信這個國家的語言——英語，才是他們「小孩」唯一需要的語言。

「三千萬字計畫」的雙語課程開發者亞拉・富恩梅約爾・里瓦斯（Iara Fuenmayor Rivas），與即將參與計畫、西班牙語系的移民家長談話時，發現了這個現象。她對此感到非常詫異，因為家長絕對了解，他們是孩子第一個且最重要的老師，相信父母的語言有助於寶寶大腦成長。他們充分理解並熱情擁抱科學。

但有一部分內容除外。

這些家長做為一個群體，拒絕接受雙語對孩子發展的有利面向，往往排斥向孩子說母語的想法。即使我們解釋那對自我調整與執行功能的潛在影響，也無法改變他們的心意。對這些家長來說，首要目標是讓孩子成為「真正的美國人」，而要達到這目標，英語理當成為孩子唯一的語言。

我彷彿可以看見，我外曾祖父點頭如搗蒜的表示贊同。

即使他是錯的。

佛羅里達大西洋大學（Florida Atlantic University）的心理學教授艾麗卡・霍夫（Erika Hoff），是研究雙語對孩子語言發展影響的專家。她針對出生於雙語家庭的孩子進行研究，從嬰兒期開始追蹤，到本書出版時剛滿五年。

她的研究結果發現：無論家長的教育程度，也不管家長成年時的英語精通程度，對孩子說母語總是比較好，而理由合乎邏輯。

由於家長在成年後學習新語言（在此個案中是英語），他們對字彙、語法、細微差異或整體能力的精通程度，絕不可能比得上母語。因為當人們用構築完整人生的語言表達自我時，所傳達的不僅是語言的具象意義，而是包含情感上更深遠的意義，以及非母語人士難以理解的隱藏意義。有些研究發現，家長以非母語的語言教導孩子，對孩子兩歲時的整體認知發展，會造成負面影響。

最好的情況是，孩子從非以英語為母語的家長那裡，學習家長本身的母語。同時也要與以英語為母語的人建立語言關係。

雖然對小小孩來說，學雙語確實可能導致兩種語言的早期字彙量較少，這是因為同時學習兩種語言，所出現彼此抵銷的狀況；但當他長大之後，兩種語言都會增強。這種策略最大的一個優勢，是這些孩子最後能擁有兩種語言，而這是大多數傳統美國人所沒有的。對我來說，那是絕佳的優勢。

到目前為止，我們已討論親子對話在智力、穩定性、毅力、自我調整及雙語方面的重要性。此外，親子對話也影響其他特性，如果世上每個人都有那些特性，這個星球將會變得非常、非常美好。

同理與道德：培養美德的科學途徑

我踏上親子對話力量之旅的一項重要原因，是為了規劃一些方法，確保所有孩子能在人生中發揮潛力。參加三千萬字計畫的家長經常提醒我，這些潛力遠超越學業成績或事業成功。我們希望孩子是好人，並非停留在「聽話」層面，而是能以同理與寬厚去理解他人。

而事實證明，當好人也是一種務實的決定。

賓州大學華頓商學院教授亞當．格蘭特（Adam Grant），曾在《給予》（*Give and Take*）這本書中表示，心存良善、付出不求回報的人，不僅獲得至善的讚美，通常在事業上也比較成功。格蘭特證明，基本上「好人出頭天」有其道理。這相當重要，不是因為善良需要什麼務實的理由，而是善良本身就有長期而正面的效果。

格蘭特在〈養育有道德的孩子〉（*Raising a Moral Child*）一文中，探討科學證實親子對話（包括讚美）對孩子的寬厚與道德行為有重要影響。前面我們讀過，「基於歷程」的讚美會對孩子成就產生正面效果，因此面對「哪種類型的讚美會讓孩子善良？」這問題時，會覺得答案可能是對孩子說：「我喜歡你在比賽中幫助朋友的方式。」不過，對於這種情況，研究收集到的證據給了否定答案。雖然協助孩子發展解決問題的毅力，是透過讚美行為而達成；但幫助孩子發展同理與善良的意識，卻是透過「基於個人」的讚美，才能達到最佳效果。

在一項研究中，讓每個孩子獲得「基於個人」或「基於歷程」的讚美。數週之後，碰到能展現慷慨大方的機會時，獲得「基於個人」讚美的孩子，比較可能表現出慷慨大方。

另一項針對三至六歲孩子的研究，也證實了這觀點。被要求當「幫手」的孩子，與被要求去「幫忙」的孩子相比，更可能幫助研究者收拾髒亂。事實上，只聽到「你能幫個忙嗎？」的孩子，跟什麼都沒聽見的孩子差不多，不太會停止玩耍去幫忙。

誰會想到，細微的文字差異——動詞或名詞，竟然能改變孩子對幫忙做家務的回應？而這種改變不只發生在孩子身上。另一項研究顯示，成年人被要求「不要當騙子」，與被要求「不要騙人」相比，顯然較不會有欺騙行為。事實上研究發現，被要求不要當「騙子」的團體，完全不會去欺騙。

為何會如此？可能是因為多數人確實想當「好人」，而名詞就像鏡子，映照出我們是誰。格蘭特這樣描述：「當我們的行為反映出自己的性格，就會更傾向於做出道德與寬厚的抉擇。假以時日，那就會成為我們的一部分。」

「你好壞」與「做那件事很壞」的差別

當然，親子對話不僅是讚美並鼓勵好行為，也對不可接受的行為加以回應。「罪惡感」與「羞恥心」是我們做錯事時，情緒反應光譜的兩端。羞恥心徹頭徹尾的滲透我們，向我們描述自己是怎樣的人；罪惡感則是針對特定行為的感覺，完全不同於本身的意識。兩者的差別在於，一個是「當壞人」，一個是「做壞事」。

家長在回應孩子不可接受的行為時，使用的語言類型極其關鍵，會決定孩子的自我意識朝哪個方向發展。如果我們想幫助孩子走上正面行為的道路，就要指責偏離預期的特定行為，這能幫助孩子了解自己是「好人」，只是犯了可以彌補的錯誤，而不是立即視自己為「壞人」。

但最後，格蘭特教授特別指出，要養出善良而合乎倫理道德的孩子，有一樣東西比父母的語言還有力量。

那就是「擁有一個善良而合乎倫理道德的家長」，這對教養大有幫助。

5

三 T 原則

為最佳大腦發展奠定基礎

從未犯錯的人，
也從未嘗試任何新事物。

——愛因斯坦

為最佳大腦發展奠定基礎

我在二〇〇二年夏天初次抵達芝加哥大學，印象中最早的記憶之一，是一名骨瘦如柴的研究生向我走來，他身上穿的T恤印著醒目的字：「這在實踐上看來挺好的，那背後的理論是什麼？」

我不禁失笑，看見芝大這個深究理論基礎的體制，在這兒「實踐」幾乎成了忌諱字眼，竟也展現它幽默的一面，至少我當時覺得好笑。那時我仍埋首於手術世界，習慣聚光燈與手術室掌控的節奏，校園對我來說，實在是截然不同的星球、截然不同的文化、截然不同的一切。我還是不得不穿越方院的遼闊綠地，進入社會科學的世界。

我認為「實踐與理論」T恤之所以好笑，是因為它帶有一點事實的況味。在絕大多數的情況中，理論與實踐常常在不同的軌道運轉，偶爾會尷尬的碰個面，就像紙上會議一樣，結果雙方說著兩種完全不同的語言。

療育？「不了解這個詞。」基礎科學家說；科學效度？「啊？」親身實踐的療育專家問。當理論和實踐雙方讀到這裡，我可以聽見這場爭霸戰的雙方在與我爭論。但他們是在各自的學術世界、各自的建築、各自的辦公室裡爭論。截然不同的宇宙，截然不同的語言。

但如果發現了科學事實，卻缺乏有效的應用實踐，便無法幫助我們的孩子；而課程設計若缺乏嚴謹的科學基礎，同樣無法奏效。

在這一章中，我要介紹「三千萬字計畫」的基本方法，並說明它如何將科學事實轉化為應用實踐。這計畫的目標是促使兒童大腦獲得最佳發展，核心理念是認為兒童智力具有可塑性，同時相信家長和照顧者的語言力量，是孩童認知發展的關鍵因素。三千萬字計畫倡議範圍包括了在家庭訪問、健兒門診，甚至在產房，與家長一起使用的課程。所有課程的發展與測試，都是在科學引導下完成。

儘管當時我還不知道如何建立研究計畫，甚至不知道如何發展行為干預方案，卻清楚自己的目標何在：了解為何我的一些病人，在學習上會遇到比他人更多的困難，然後設計相關的解決方案，改善他們的表現。我知道這需要付出努力，並且需要團隊。起先我不明白，發展有效行為計畫是件複雜的事，所以有很多東西要學。

事實上，閱讀科學論文，是件精采而有趣的事。因為當我們在閱讀時，多數工作已被前人完成：問題的初步釐清、洞察問題成因的見解，甚至可以做什麼來解決問題，答案往往呼之欲出。在醫學與技術科學領域，專業人士及企業家隨時等著將科學研究的成果，化為應用實踐的行動。

然而，社會科學領域並非如此。即使社會科學家完成非凡絕倫的研究，有嚴謹的測試、傑出的成果，卻不能像醫學或技術科學領域那樣，輕易轉化為應用實踐的行動。導致這情況的原因很複雜。畢竟改善社會問題需要花錢，而不太能賺錢——起初確實是如此。社會回應「怎麼辦」的答案，往往是推測而來；在頻繁的政治辯論中，科學可信的證據還比不上「直覺」。最後我們得承認，社會問題往往牽涉到長期存在的社會複雜性，因此儘管創新的解決方案獲得科學支持，通常也難以落實。

當我踏入社會科學的世界，首先學到一件事：正如我必須學習科學的錯綜複雜，也必須努力取得相關的成果，並將其應用實踐於對世界的幫助。事實證明，這還是比較容易的部分。

傾全村之力[8]

問題從來不是：「我們該做嗎？」而是：「我們要如何做？」

「三千萬字計畫」團隊裡的人都勤奮、有人情味、具創造性，大家共事起來融洽而美好。我們也與芝加哥大學及遍布全國的出色夥伴密切合作。

克莉絲汀・拉菲爾（Kristin Leffel）是我們政策與社區服務中心的主任，她一取得西北大學社會政策學士學位，便加入了三千萬字計畫。我們剛起步、進入嶄新而尚未證實的知識領域時，克莉絲汀包辦了所有事務，包括：課程開發、家庭拜訪、資料整合，甚至平面設計。她不僅有敏銳的智慧與創新的思維，還充滿無與倫比的人道意識。

8 **編按** It takes a really big village，非洲諺語「要養育一個小孩，需舉全村之力（It takes a village to raise a child）」，而三千萬字計畫顯然促使孩子們受惠良多，作者更以 Big 表示這背後，團隊所付出的努力也更巨大。

我必須要說，我並不是克莉絲汀的首選。起初她的應徵信是寄給我先生——小兒外科醫生劉永嘉（Don Liu），信中詢問有關健康差距研究的工作。她在信中說自己對公共衛生有興趣，想要「做些改變」。先生把信給我看，其他的就是她的專業背景了。

我真幸運；三千萬字計畫也真幸運。

我下一個好運來自弟弟邁克，他愛上並追求貝絲．蘇斯金（Beth Suskind，現在已冠夫姓）。貝絲是備受敬重的知名電視製作人，經我多次懇求，她以聯合董事的身分加入「三千萬字計畫」。對於達成教育目標的專案設計，貝絲具有敏銳的覺察，並幫助我們推出臻至完美的可行課程，讓參與的家長容易理解與掌握。

真的謝謝你，邁克。

克莉絲汀和貝絲是「三千萬字計畫」團隊的典範，我們有共同的願景，試圖解決關鍵的人類問題：我們國家的孩子發生了什麼事？

三千萬字計畫的家長：創意與合作

三千萬字計畫的課程，是由家長研發、測試與主導。我們的第一個研究團體，是來自芝加哥大學醫院自助餐廳的工作人員。這些婆婆媽媽們慷慨放棄休息時間，幫忙檢視專案細節，然後把她們的想法告訴我們。

我們也在醫院候診室、雜貨店，甚至在公車站牌前，招募一些父母參與研究。經過一段時間，許多家長檢視完一頁頁不斷改變的單元範例，給予我們關於品質、明確性及相關性的想法。這些積極參與的家長們，對課程發展提供了寶貴的意見、批評與建議。其中許多精心設計的構想，原本被團隊視為絕佳的主意，但沒通過家長敏銳的批判與觀察，因而被放棄或徹底修改。這個過程不僅能確保三千萬字計畫深植於科學，也能讓使用者覺得明確可行。

在討論課程的基本原則以前，我們有必要強調，「三千萬字計畫」是建立在嚴謹的科學上，會隨著科學的引導逐步發展。這計畫從來不是基於我們「信」以為真或希望成真的理念，確切來說，它是透過一絲不苟的態度去獲得真實理念。我們投入三千萬字計畫，以設計良好的研究支持理論，因此我們的內容與方法都獲得統計驗證。同樣的，要是我們建構的理論未獲數據證實，結果不是予以修改，就是另起爐灶。

我們絕對堅定的一件事，就是幫助家長了解，科學證實父母的語言具有塑造孩子大腦的力量，並因此設計相關課程，幫助家長們能成功的運用這股力量。這就是三千萬字計畫的基礎。

嬰兒不是生來聰明；「親子對話」讓他們變聰明

三千萬字計畫是基於科學證明的事實：「嬰兒不是生來聰明，而是變得聰明。」也就是人的智力具有可塑性。

我們每個人生下來，都在許多領域具有潛力，但想要發揮這些潛力，並非不費吹灰之力便能做到。就好像種子具有長成玫瑰、牽牛花或繡球花的潛力，但每朵花最後是否美麗、強韌，取決於它所獲得的養分。試著在暗無天日的地下室，以少量水分栽培這些種子，你就會明白我的意思。

事實證明，大腦的發育跟種子一樣。科學研究顯示，大腦的發展需要仰賴環境，以達最佳的成長狀態，這也是本書不斷談論的事。三千萬字計畫的課程是科學產物，我們精心製作的動畫與影片，都是以此為基礎。這些動畫不僅教導良好早期語言環境的基本要素，也幫助家長了解，孩子的智力不是出生就設定好的，若想達到最佳發展狀態，需要仰賴父母提供的語言環境。

我們有一支動畫片演示「話語如何栽培寶寶的大腦」，以一種非常可愛的方式，呈現話語流進耳朵穿越大腦，開始刺激大腦的神經元。這真是它實際運行的方式嗎？這是一部理性的動畫影片。但不在這理性之中的一個趣事，卻是我最喜歡的故事。在某次三千萬字活動的開場時，有位媽媽微笑跟她的家訪員打招呼說：「我想，我這禮拜已經幫寶寶建立夠多大腦連結了！」這很幽默，但也相當真實。

創造豐富的早期語言環境

我們知道豐富的早期語言環境，對嬰幼兒的大腦發展至關重要。而我們團隊夥伴關注的重點問題，就是如何幫助家長創造良好的語言環境，讓孩子獲得最佳益處。針對這問題所研究出的結果，正是三千萬字計畫的核心策略——三T原則：

- 全心全意（Tune In）
- 多說有益（Talk More）
- 雙向互動（Take Turns）

三T原則以「創造嬰幼兒最佳大腦發展環境」為目標，將語言接觸與大腦發展的複雜科學，轉化為易於使用的可行課程，能強化親子互動，完全融入日常生活。

有必要強調的是，為孩子建立正面的早期語言環境，不僅是提供字彙，確切來說，也反映出溫暖而滋養的關係。這不是在低估那些話少的父母，他們也確實表達了關心。但語言無疑是一種管道，人們透過語言，表達自己對正在溝通的事情感興趣，這表示人們想以真實正面的方式建立人際關係。

想創造豐富的語言環境，並不表示要在忙碌生活中騰出專屬時間。無論日常活動有多平凡、瑣碎，三T原則都能自然融入其中。家長或照顧者透過在日常活動中加入話語，不論是鋪床、削蘋果或掃地，都能轉化為塑造孩子大腦的經驗。最後，這些話語會是強化親子關係及孩童大腦的重要關鍵。再複述一次：

三T	三C（**西班牙文**）
Tune In（全心全意）	Conéctese
Talk More（多說有益）	Converse Más
Take Turns（雙向互動）	Comparta Turnos

無論是談論尿布的味道、花朵的顏色，或是三角形的形狀，三T的設計是從生命的第一天就建立基礎，為孩子大腦發展提供豐富的早期語言環境。

第一個T：全心全意

在三T原則中，「全心全意」最微妙而不易察覺。它需要家長有意識的努力，留意嬰兒或孩子正在專注的事物，然後在適當時機與孩子討論那些事物。換句話說，就是專注於孩子正在專注的事物。即使孩子小到無法理解大人說的話，或是他專注的目標不斷變化，家長也要跟著孩子變化，跟隨並回應孩子的帶領。這是用「親子對話」塑造孩子大腦的第一步，如果不能「全心全意」，其他兩個T也無法生效。

讓我們一起看個例子。

媽媽或爸爸滿懷慈愛的坐在地板上，手裡拿著孩子最喜歡的童書，也許是羅格·布拉菲爾德（Jolly Roger Bradfield）的《不同形狀的巨人來了》（*Giants Come in Different Sizes*）——這是我最喜歡的故事之一。接著，家長面帶微笑輕拍身旁的地毯，這是表示「可以靠過來聽故事」的暗號；但孩子不為所動，繼續用散落在地板上的積木蓋高塔。家長再次輕拍地毯，「過來坐這裡。這本書真的很好看。爸比／媽咪讀給你聽。」

這場景看起來很好，對吧？有慈愛的父母與美好的故事，孩子夫復何求？

嗯，但也許孩子需要的是，家長對他正在做的事感興趣，並且一起來參與，就像孩子輕拍著地毯說：「爸比／媽咪過來，坐在這裡。堆積木真的很好玩。」

換句話說，就是「全心全意」。

在三千萬字計畫設計的場景中，這確實會發生。家長學習關注孩子正在做什麼，然後參與其中，增進親子關係，協助孩子提升遊戲中運用的技能，並透過之後的口語互動，塑造孩子的大腦發展。

請容我強調這之所以重要的原因。若家長在孩子專注的領域跟他一起玩，即使興趣只持續五分鐘，之後就轉移到其他事上，孩子的大腦發展還是增強了。這是因為孩子的大腦不用費力切換到其他活動，特別是目前較沒興趣的活動。當然，媽媽或爸爸可以問：「你想要我讀故事書給你聽嗎？」這非常正面。不過重點是依照孩子的答案讓「全心全意」，即使他沒用語言回應，甚至說出不是家長期待的答案，都沒有關係。這極其寶貴，因為它正是全心全意的意義。

當我們了解成人與孩童之間的基本差異後，會更明白為什麼要這樣做。身為成人，當我們被要求轉換方向，去進行不同的任務時，會自動放下目前正在做的事（即使那是自己想做的事），把注意力轉往即將到來的任務，因為我們是負責的成年人。然而，孩童的執行功能尚未充分發展，只能對自己感興趣的活動保持專注；如果沒興趣，即使是精采絕倫的文字或故事，都會左耳進右耳出，對孩子的大腦發展幾乎沒有影響。記憶字彙的情況也是如此。研究已向我們顯示，當孩子必須參加他沒什麼興趣的活動時，較不可能學會活動中用到的字。

透過親子處於同一實體高度，可以讓「全心全意」更為落實，包括：遊戲時間陪孩子在地板上活動、讀故事書時把孩子抱在膝上、用餐時間坐在一起，或者抱起孩子讓他從大人視角看世界。

反之，電子產品會讓人注意力分散，從而阻撓了「全心全意」。電腦、平板及智慧型手機，會使人上癮並奪走注意力。家長的主要焦點必須放在孩子身上，才會產生塑造大腦最佳狀態所需的注意力。

另一方面，當環境處於理想狀態時，家長跟隨孩子的「集中性注意力（focused attention）[9]」並產生共鳴，以豐富而關愛的言語溝通，那就是全心全意，這樣做不僅是在幫助孩子學習字彙。持續獲得全心全意關注的孩子，往往能保持較長時間的投入，會主動開始溝通，在日後的學習上也較為輕鬆。

---

[9] **編按** 意指個體可以直接對特殊的視覺、聽覺或觸覺刺激產生反應的能力。如果用投籃來形容，那麼孩子的目標刺激就很清楚，即是把籃球投入籃框中。

——使用兒童導向式語言

最理想的全心全意，是親子之間的互動。就像嬰兒會用聲音獲取關注一樣，家長也可以改變語氣和音調，以此誘導與吸引孩子。如我們討論過的，「兒童導向式語言」，也被稱為「兒語」或「家長語」，可以幫助嬰兒的大腦學習語言。近期有一項研究，對象是十一至十四個月大的孩子，結果發現多聽兒童導向式語言的孩子，兩歲時所知道的字彙量，是多聽成人導向式語言孩子的兩倍。

而在親子關係中，兒童導向式語言還提供了一項重要功能。全世界家有嬰幼兒的父母都會使用兒語，在各種結構相異的語言中，包括了歐洲、亞洲、非洲、中東及澳洲的原住民語言，它們都用帶有旋律的音調、積極的語氣、簡化的字彙，以及比平常高幾個八度的音律，來吸引孩子進入共同關注的事物上。有些家長以從不說兒語為傲，只用成人導向式語言對嬰兒說話，他們忽略很重要的一點：這種說話方式並不會「簡化」內容。相較之下，兒童導向式語言能吸引寶寶的耳朵，把注意力放在話語及說話者身上，進而鼓勵孩子傾聽、投入與互動。換句話說，還是要全心全意。

兒童導向式語言的主要特徵是「重複」。為了解「重複」與「鼓勵孩子全心全意」之間的關係，約翰．霍普金斯大學的研究專家們，進行了為期兩週的家訪專案，花十天研究十六名九個月大的嬰兒。每一次家訪中，嬰兒會聽到同樣的三個故事，每個故事都包含嬰兒日常不太聽過的字彙；控制組則完全沒聽故事。

過了兩週後，這些嬰兒被帶到約翰．霍普金斯大學，聆聽兩張不同單字表的錄音。第一張表直接取自三個故事的單字；第二張表則取自相似但不同的單字。

在家訪中曾聽過三個故事的嬰兒，會花較長時間聆聽第一張表；沒聽過故事的控制組嬰兒，對這兩張表並未顯露偏好。那麼，結論是什麼呢？嬰兒「學會」較常聽到的單字，而且對之前聽過的聲音聆聽較久，那就是「全心全意」的表現。

「全心全意」的主要用意在於家長的回應。孩子未來的幸福，包括了認知發展、社交情緒發展、自我調整、身體健康，以及其他無數結果，都與母親的回應有關，特別是生命最初的五年。科學清楚告訴我們，對孩子富有同理心的適當回應，是行為與大腦發展的基本要素。

長久以來，「為人父母」被認為是只要憑直覺就會的事，實際上並非如此，相信許多筋疲力竭的父母都會同意。「全心全意」的本質就是家長對孩子的回應，可歸結為三步驟的過程：

1. 觀察
2. 詮釋
3. 行動

嬰幼兒傳達需求的線索，包括口語和非口語兩種。你有聽過嬰兒或兩歲小孩在哭嗎？很少是為了博取重視或傷心欲絕。

「詮釋」不那麼容易，但它是第三步驟「行動」的重要前置。孩子累了嗎？餓了嗎？無聊嗎？尿布濕了嗎？所有家長都知道，詮釋是一種需要磨練的技巧，鮮少絕對準確。這絕對準確的難度，需要一個首要條件或一項更正條款，那就是家長應永遠在場。

不管孩子的行為成因是什麼，以及其行動是否恰當，關鍵是父母給予溫暖。照顧者充滿愛而正面的回應，是孩子成長茁壯的基本要素。無論什麼國家、什麼文化、什麼氣質的孩子，以充滿愛而積極回應的方式處理事情，可以預測孩子日後的穩定性。科學也這樣告訴我們。

——育兒壓力

當嬰兒哭泣時，可能出於許多原因，但都有一項不變的潛在因素：覺得有壓力。其實家長也是如此。

關鍵問題是：「怎麼辦？」

關鍵答案是：「回應。」就這樣，回應。

嬰兒在這新鮮而陌生的世界裡，無論是為什麼而哭，讓我們來面對它吧，那都是出於對未知的恐懼，嬰兒應該要理解的第一件事是，他／她很安全。「別擔心，小寶貝，爸比／媽咪在這裡。」這是生命中的第一課，也是非常重要的一課，具有長期的影響力。這是在告訴孩子：「未來不盡然容易，但遇到艱難時刻，有人會在那裡保護你。」

有些適當的壓力是很「正常」的事，甚至對人有益；但研究顯示，孩子若面對持續不斷的壓力，將會造成長期、負面的影響。

——沒人陪伴會怎樣？關於依附理論

愈來愈多研究證實，新生兒哭泣時若無人看顧，就會承受「毒性壓力」；如果這情況持續一段時間，孩子的大腦連結會受到永久而負面的影響，導致他長大後在學習、控制情緒和行為、信任他人方面，遇到較多的困難，並且較容易有肥胖、糖尿病、心血管疾病，以及自體免疫失調的問題。

反之，在孩子生命中的最初數年，家長若能全心全意，迅速而正面的回應孩子，便形成直接的對比。這些家長除了塑造孩子的大腦外，也幫助他建立專家所說的依附關係。跨文化的文獻記載，依附概念闡釋了親子關係的發展，會如何塑造孩子日後的社交情緒及認知發展。

一九五一年，英國心理學家約翰．鮑比（John Bowlby）首先提出了「依附理論」的假設。他曾針對情緒困擾兒童進行研究，並且進一步檢視孩子與母親的關係，對社交、情緒及認知發展會造成什麼影響。此外，鮑比也基於演化論適者生存的觀點，即孩子受母親保護以避免掠奪威脅的重要性，稍微修改了原創理論，但母親（或主要照顧者）與孩子間的關係，對嬰幼兒情緒發展的重要性，已獲得愈來愈多的研究支持。

親子間多采多姿的溝通

在擁有真正的語言以前，小小孩是以不同的方式溝通。新生兒用哭泣讓你知道，他們是餓了、累了、無聊，還是寂寞；當孩子再大一點時，會發出咕咕、咯咯、咿啞的聲音，也會動手指或做鬼臉，回應大人的逗弄及照顧。

若新生兒更能控制自己的反射動作，他們可能會嘗試用拱背、踢腳或扭動身體來獲得家長關注。我們非常確定，這些行為是為了家長而做，因為孩子通常是一邊做，一邊試圖獲得眼神接觸。

現在想來嬰兒真是多麼聰明，明明才剛出母腹，就已想出有效博取家長注意力的招數。推開、微笑、咯咯笑、嘟嘴……這些動作也許讓嬰兒看起來很可愛，但其實只是一種花招，背後隱藏著非常聰明、有效而真實的語言，以此獲得他想要的東西。

再想想，家長也是多麼聰明。因為父母第一件要拚命努力的事，就是去學好這種語言。但這並不是容易學習的語言。在咯咯笑、嚎啕大哭或其他各式各樣的聲音裡，要怎麼找到溝通的線索？直到話語成為孩子生命的一部分前，破解這種語言是知易行難，需要花時間進行大量的試錯。即使同心協力，通常也不可能確切知道。但這個努力解碼的過程相當重要，它不僅能提供嬰兒更大的安全感，也是建立親子關係的重要因素，更是達成最佳大腦發展的關鍵因素，以及全心全意的基礎。

第二個T：多說有益

第二個T「多說有益」，指的不僅僅是話語數量；話語的類型與說出的方式，才是主要因素。

我們可以把大腦想像成一個撲滿。如果你投入的都是一塊錢，那麼即使把撲滿存滿，可能還是付不起大學學費，更別說要讀醫學院了。

嬰兒大腦也是相同道理，如果家長只是投入微不足道的簡單話語，那麼也籌不夠上大學的本錢。

反之，若家長投入非常多樣化的字彙，日復一日，大腦會變得非常富有，也許就會有本錢讀大學。

「多說有益」與「全心全意」息息相關，因為家長要增加跟孩子之間的對話，最好不只是對他說話，而是談論孩子正在專注的事物。雖然這看起來可能只有微妙的區別，卻是「三千萬字計畫」的基本原則。跟孩子「多說有益」，需要親子彼此一同參與。它就像「全心全意」，是親子依附與大腦發展的另一項關鍵要素。

——敘事

如果你一邊做事，一邊敘述自己所做的事，旁邊聽到的人，可能會覺得你瘋了。但敘事是讓小孩被語言環繞的一種方式，不僅能增加他的字彙量，也了解聲音（即語言）與相關行為、事物的關係，例如：清洗、擦乾、尿布、手……這些家長視為理所當然的例行工作，對小小孩來說極其寶貴；每個字彙、每個敘述，都能將日常活動加以轉化，用以塑造大腦並建立依附關係，例如：

「讓媽咪幫你拿掉尿布。哦，好濕。再來聞聞看。好臭！」

「現在我們可以換上新的尿布。」

「嗯，看看這個新尿布。外面是白色的，裡面是藍色的。」

「而且不會溼溼的。感覺一下，又乾又軟。」

「這樣是不是好多了？」

「我們來把你漂亮的粉紅短褲穿回去。」

「不管濕濕或乾乾，媽咪都愛你！」

敘事也能讓孩子熟悉例行活動的相關步驟。雖然一開始是家長做大部分的工作，但目標是希望將來孩子能獨力完成。比方說：

「刷牙的時間到了，我們要先做什麼？」

「拿你的牙刷！你的牙刷是紫色，爸比的是綠色。」

「現在我們來把牙膏擠到刷毛上。」

「一點點，擠一點點。做得好！」

「現在我們來準備刷，刷，刷。上上下下，來來回回。來刷你的舌頭。哦，這樣是不是很癢？」

透過這個過程，家長不僅能幫孩子建立字彙、培養獨立，還有一個額外的好處，就是可以省下以後看牙的費用！

——平行對話

「多說有益」的另外一個面向是「平行對話（parallel talk）」。敘事是家長談論自己正在做的事，平行對話則是實況報導小孩正在做的事，而「全心全意」則是進行平行對話的關鍵，舉例來說：

「你拿拿看媽咪的錢包。」

「這個錢包好重。」

「我們要不要看看裡面有什麼？」

「啊，你找到媽咪的鑰匙了。」

「不要放到嘴巴裡，拜託。我們不要咬鑰匙，它不是食物。」

「你要不要試試看，用這些鑰匙開你的車車？」

「鑰匙可以用來開門。」

「來吧！我們來用鑰匙開門。」

從小孩出生起，家長就能使用敘事與平行對話兩種策略。但這有一定的條件限制：父母不該提重複的問題，或者使用冗長、複雜的句子。最好是跟孩子談當下周遭的事物，保持眼神接觸，並盡量靠近孩子，讓他吸收語言的同時，也感覺到父母的溫暖。

——不要用「代名詞」

代名詞對成人而言就像空氣：看不見卻不可或缺，就存在你的腦海裡，只有你自己知道指的是什麼。若你說他、她、它，小孩會搞不清楚那是指什麼，是麥可叔叔、奶奶，還是水槽？啊，現在明白了吧！其實不只是小孩聽不懂，如果我對你說：「可以請你去那邊把它拿起來嗎？」你一定會想：「要去哪裡？要拿什麼？」同理，在小小孩建立字彙與理解事物的過程中，「房子」、「汽車」、「馬路」、「披薩」這些名稱都很重要。

孩子把他塗鴉的藝術作品拿給你，想知道你覺得怎麼樣？

- 「我喜歡它！」不，你不喜歡。
- 「我喜歡你的圖畫！」對，你喜歡！

而且每個名稱都是另外一個字彙，能幫助孩子的大腦理解更多事物，並因此有所成長。

這些簡單技巧有個好處，就是適用於任何年齡的孩子與任何字彙。環繞孩子的語言愈豐富，就愈能聆聽語言並學習它們的意義，也更能輕鬆的運用出來。

——去脈絡化語言：不談論此時此地的交流方式

當孩子剛開始說話時，內容通常是傳達此時此地的訊息。他們為看見的對象命名，「狗狗」、「痛痛」、「媽媽」，或描述他們參與的活動，「跌倒」、「上廁所」、「不睡覺」。這些話語談到看得見的對象或行動，稱為「脈絡化語言（contextualized language）」。隨著孩子長大，通常在三至五歲之間，會開始用語言談論目前無法看到或親身參與的事物。這就是「去脈絡化語言（decontextualized language）」。

進階到這個語言程度，是孩子智力進步的重要表徵。「脈絡化語言」把焦點放在視線範圍內的事物或活動，透過姿勢、表情及語調來協助傳達語言的意義；「去脈絡化語言」則沒有這些協助，幾乎要仰賴自己學會的字彙，沒有觀察而得的依據，需要更高程度的思考能力來處理、回應。無怪乎人們會認為，這種表達與孩童大腦發展有顯著的關係。

用去脈絡化語言跟孩子「多說有益」並不難。家長只需運用孩子熟悉的字彙，談論親子一起做過的事、最近玩過的玩具，或是某個孩子認識的人等。由於當下環境無法提供線索，所以孩子得運用現有的字彙，去理解家長的意思。如果孩子能理解並回應去脈絡化語言，可以最佳化在校的學習，因為許多學科都包含了「去脈絡化語言」，而家長並不能在旁邊協助解釋。

——幫孩子擴張語言、延伸語言、搭起鷹架

在生命早期，比手劃腳是孩子和照顧者溝通的好方法。孩子要如何告訴父母，自己想要被抱起來呢？答案是「高舉雙臂」。即便使用語言，通常也是基本而簡潔的「坐」、「奶」、「不」。對嬰幼兒來說，學習語言並不是被動的事，我們生來都擁有這項能力，但能否發展複雜的語言結構，則必須仰賴環境。若孩子經常聽到適當而有意義的語言，最後就會使用這種語言。

當嬰兒說：「抱比，抱比。」

家長回答：「你想要爸比／媽咪抱你起來嗎？」

經過一段時間，孩子的語言會發展為：「請抱我起來，爸比／媽咪。我累了。」學說話的孩子會用不完整的字彙和句子。家長可以在「多說有益」的情境下擴張語言，藉由填空的方式來重述孩子說的話。

當孩子說：「狗狗傷心。」家長可以擴張為：「你的狗狗很傷心。」流暢的擴張語言，能提供孩子更好的說話方式，並避免「糾正」帶來的負面影響。

隨著孩子長大，擴張語言也變得更加複雜。當孩子說：「去覺覺。」家長可以擴張成：「你想睡覺了。現在時間很晚，你也很累了。」

而「延伸語言」則是以孩子已知的字彙為基礎，建立更詳盡的語言溝通，其中可能包括增加動詞、形容詞或介系詞片語。當孩子說：「冰淇淋很好。」可以延伸成：「這支草莓冰淇淋很好吃，可是好冰！」

最後，「搭起鷹架」是在回答孩子時增加字彙，協助他建立語言技巧。比方說，孩子用一個字，家長就用兩、三個字回應；孩子用兩、三個字，家長就用短句回應。

擴張語言、延伸語言與搭起鷹架，都是以略高於孩子溝通能力的語言引導技巧，鼓勵他學習更完整而詳細的溝通，這是「多說有益」的重要目標。

第三個T：雙向互動

最後一個T「雙向互動」，是鼓勵孩子參與對話交流。這項發展孩子大腦的親子互動金律，是三T原則中最寶貴的部分。為使對話必要的互動順利進行，家長與孩子必須主動參與。家長要如何做？透過「全心全意」專注於孩子正在專注的事物，然後針對那事物「多說有益」。關鍵在於，家長無論是發起互動，或是回應孩子的主動溝通，都要等候孩子回答。這樣做是為關鍵的「雙向互動」鋪路。

親子之間「雙向互動」的方式，會隨著孩子長大而有改變。嬰兒在會說話以前，其實就是有效溝通的高手：哭泣，是表達尿布要換了；揉眼睛，是在說睡覺時間到了。家長與嬰兒對話，表示要讀取溝通的線索，破解其中隱含的意思，並且予以回應。這可能不是一般人認為的典型溝通，但這些來來回回的交流相當重要，能塑造孩子的大腦，並且建立親子依附關係。

當嬰兒長大一點，進入學步期，「雙向互動」也變得更多樣化。對孩子來說，從嬰兒期就慣用的表情和姿勢，會逐漸變成自造字、相似字，以及真正的字。這階段特別重要的是，家長要回應這些信號，然後耐心等候孩子回答。初學說話的孩子，通常必須搜尋字彙，這可能需要花很長的時間，於是家長或許會出於本能幫孩子回答；這樣做也許會讓孩子接觸到更多語言，但也可能終止對話。容許孩子有多一點時間去回憶字彙，這可能就是所謂繼續與終止對話之間的區別。

有一個字彙會讓「雙向互動」的效果受限，那就是「什麼？」例如：「球是什麼顏色？」「牛的叫聲是什麼？」這種詢問「什麼」的句子，對強化對話交流或建立字彙都收效甚微，因為只是要求孩子回憶已經熟悉的字彙。此外，是非題也有同樣的局限，不太能讓對話持續進行，也難以教導孩子新事物。

相較之下，開放式問題則是一種可行的方式，能充分達到「雙向互動」的目標，而且對小小孩特別有用，因為他們最擅長打開話匣子，總能講個沒完沒了。簡單詢問「怎麼做」或「為什麼」，就能讓小孩用天馬行空的字彙、想法和概念回答。畢竟面對「為什麼」這種問句，沒辦法只用點頭或手指回答。孩子透過「怎麼做」和「為什麼」展開思考過程，最後會學到解決問題的技巧。

三T與科技：確保計畫能正確執行

我們討論過數位科技的負面影響，像是有電子郵件要寫、有手機要回、有即時新聞快報要讀……這些都會成為親子關係的阻礙。但不可否認，數位科技已是協助推動「三千萬字計畫」的重要因素。

LENA：語言環境分析系統

LENA是「語言環境分析系統（Language Environment Analysis System）」的簡稱，能為孩童的早期語言環境，開啟一扇重要的窗口。LENA是一種小型數位錄音機，基本上是語言的計步器，可以放進專門設計的T恤口袋，當小孩穿上T恤，LENA會錄下環境至多十六個小時的聲音，然後記錄下來的數位音檔上傳到電腦裡，用以比較課程介入前後的錄音狀況。

LENA是由泰瑞．保羅（Terry Paul）所開發，他是一名成功企業家，之前和妻子茱蒂（Judi Paul）開設一間叫「文藝復興學習」的公司，主要研發提高數學與讀寫技巧的科技產品。雖然成就斐然，但他似乎認為這對孩子的影響來得太晚。據說保羅一讀到哈特與萊斯利的《意味深長的差異》，立刻知道自己想做的事：開發能測量孩童早期語言環境的科技。他最愛說的口頭禪是：「如果無法測量，就無法改變！」

正如計步器已被證實可以鼓勵人們持續運動，LENA為研究者提供孩童早期語言環境的反饋，也成為協助改善孩童語言環境的重要工具。它提供家長一種機制，可以設定、追蹤及評估目標達成狀況，當孩子的努力未達效果時，LENA會予以鼓勵；若孩子達成目標或表現卓越，則會確認改進幅度。它是提升動機的重要工具。

一開始我們團隊使用LENA，是為了檢視「三千萬字計畫」最初的課程，是否有助於增加家長對孩子的說話量。結果知道課程確實有幫助，但也發覺增長只是暫時的，圖表曲線迅速上升，卻又驟然下降：這種結果要麼讓人沮喪，要麼讓人思考，而我們因此開始思考。團隊首先想到的是：「我們是否該與其他人一起檢視結果？」因此我們與參加計畫的家長開會，取得他們的想法與建議。這是三千萬字計畫邁開的一大步，朝更精心打造、細膩調整的課程發展。

我們的主要動機

當嬰兒無法取得牛奶時，我們可以使用一些替代品，幫助嬰兒維持生命與健康。然而，讓大腦發揮完整潛力的營養，完全仰賴生命中最初數年，由大人提供溫暖有共鳴的語言。科學研究顯示，到目前為止，語言沒有替代品。因此，幫助所有孩子營造理想的語言環境，就是激勵「三千萬字計畫」研究者及家長的動機所在。我們的目標就是孩子。

三T的行動過程

正如我們前面所說，三千萬字計畫相信孩童大腦的可塑性，核心方法是三T原則，而目標是確保所有孩子的智力發展到最佳狀態。為此，三千萬字計畫的課程設計，是加強小小孩從出生至三歲的語言環境。但三T的影響遠超越建立字彙，還跨到各式各樣不同的領域，包括：介紹數學概念、發展讀寫能力、建立自我調整與執行功能，以及發展批判性思考技巧、情感洞察力、創意、毅力等。三千萬字計畫將科學付諸於大腦發展的行動。

親子共讀

父母從孩子出生起就跟他對話，其實是遠在孩子會說話以前，就為他奠定溝通技巧的基礎。同理，從孩子生命的第一天就與他共讀，是遠在孩子有閱讀能力以前，就增加他的讀寫技巧和對書籍的喜愛。閱讀跟說話一樣，家長在孩子生命中最初數年，向孩子讀多少書、用什麼方式讀，都深刻影響孩子的入學準備度，以及日後的生命軌跡。

親子共讀的重要性並非新觀念。過去數十年來，「讀出來（Read Out and Read）」、「培養讀書人（Raising Readers）」與「閱讀彩虹（Reading Rainbow）」等機構，都不斷倡導它的益處。二〇一四年，美國兒科學會（American Academy of Pediatrics）宣布了最新建議：「所有家長應當從小孩出生起，就讀書給他們聽。」

大量的科學證據支持這理念。研究顯示，在孩子生命的最初數年，若有人讀書給他們聽，等到上了幼兒園後，會擁有較多的字彙量，以及較佳的數學技巧。也有證據指出，家長在讀書時展現熱忱，會強化孩子對學習閱讀的興趣，也更能順利愛上閱讀。

不過，許多參加「三千萬字計畫」的媽媽們，雖然都知道讀書給孩子聽的重要性，但她們起初卻不喜歡做這件事。一些原因如下：

「他不肯乖乖坐好。」

「她想自己抓著書。」

「她還沒等我講完這頁，就想要翻下一頁。」

「他總是打斷我，然後討論書中的情節。」

我們了解媽媽們的意思。在她們的心裡，讀書給孩子聽的成功必備條件，是要有一個安靜聆聽的孩子，不然親子共讀毫無意義。然而，她們（及我們當中許多人）必須了解並學習的是，這正是「全心全意」的絕佳時機。

——三T原則如何在閱讀中予以協助？

傳統的故事時間，通常是家長讀書，孩子安靜聆聽。心理學博士格羅弗・懷赫斯特（Grover Whitehurst）在「石溪閱讀與語言專案」（Stony Brook Reading and Language Project）研究中，提出調整角色的「對話式閱讀（dialogic reading）」。他鼓勵孩子在故事時間更加主動，多提出問題、討論自己看到、想到、感受到的事物。這麼一來，孩子就變成說故事的人，而家長更像一名聽眾。三千萬字計畫的「親子共讀」，就是源自於這個方法。

讓我們看個例子。

家長把童書放在大腿上，攤開第一頁。這在傳統上表示，他要開始從頭到尾讀這本書了，但三T採取有些不同的過程。家長一邊閱讀，一邊敏銳覺察哪部分忽然吸引孩子的注意力，然後跟著調整自己的焦點。換句話說，要「全心全意」。如此一來，孩子擁有一條開放的學習途徑，因為沒人強迫他把注意力放在沒興趣的事上。

「多說有益」是親子共讀的第二部分，它對塑造大腦的益處其實不難理解。隨著孩子長大，故事的詳細程度也會有所改變，「多說」故事裡發生了什麼事，這會導致什麼結果，又會如何影響故事裡的人物，在孩子心中賦予故事更多意義。此外，書裡除了有日常熟悉的字彙外，也充滿豐富、複雜而少用的字彙，例如：奔馳、惡作劇、魔幻等。家長在討論書本的對話中，向孩子重複這些字彙，有助於在他的腦部鞏固這些字彙。

舉例來說，家長讀《金髮女孩和三隻熊》（*Goldilocks And The Three Bears*），可以這樣描述：「小熊坐在餐桌旁。你看，熱氣從牠的麥片粥冒出來。好燙啊！你想，如果牠現在就吃，會怎麼樣？」

孩子回答：「也許牠應該等涼了以後再吃。」家長繼續說：「哦，不！金髮女孩坐在小熊的椅子上！椅子會怎麼樣？椅子裂成一堆碎片。真是一團糟！」

對稍微大一點的孩子，父母在「多說有益」時，可以配合開放式問題來「雙向互動」，跟孩子討論和故事有關的事件、想法與感覺。因為這些問題的答案無法直接取得，孩子需要更多思考、假設與猜想，甚至進行更高程度的獨創性思考。而這個過程，就是練習「去脈絡化語言」的大好機會。延續剛才的故事，家長可以問：

「金髮女孩坐在小熊的椅子上，會發生什麼事？」

「她應該這樣做嗎？為什麼不應該？」

「你想，當小熊一家人回來時，會發生什麼事？」

「小熊看到自己的椅子壞掉，牠會怎麼做？」

「你覺得如果小熊一家人看到金髮女孩，會對她說什麼？」

「雙向互動」是親子共讀的另一面向，它發生在每次孩子指著圖畫、打開摺頁、翻頁、提問或回答問題時。

當然，「三千萬字計畫」的親子共讀，並不是要阻止家長主動讀書給孩子聽。如果學步兒爬上父母的大腿，想要安靜聽故事，當然可以，這也是家長該為孩子做的。與孩子依偎在一起共讀，沒什麼比這更美好的事了。事實上，如果孩子就是想聽故事，這時父母當然可以「全心全意」投其所好。

讀書給嬰兒聽

美國兒科學會同意「三千萬字計畫」的看法，認為只要做一些簡單的修改，嬰兒也可以進行親子共讀。雖然嬰兒不能理解文字，但會透過父母的聲音、說話的韻律與溫暖的觸摸獲得安撫。一開始孩子被吸引聽書，可能是因為聽到父母慈愛的聲音，但將單字串成句子的節奏，就是語言運作的早期課程了。

讀書給新生兒聽的目的，並不是要他理解內容，所以家長無須為這項活動挑選童書。事實上，家長可以讀最近的新聞，或者翻開放在你床頭半年的暢銷書。只要翻到第一頁，然後開始大聲朗讀。

嬰兒大約在四個月大時，會開始顯露對書籍的興趣，不過焦點可能是放在實體書本，而非聆聽故事。家長要做的事是「全心全意」，找到吸引嬰兒注意力的事物，然後再「多說」關於那方面的事。

「你想要自己拿著書，這樣就可以把圖畫看得更清楚。這是狗。那是什麼？是貓，對不對？」

「聽一聽，你的手在拍書的時候，發出了什麼聲音？這個聲音讓你笑了。媽咪也來拍拍書。現在媽咪也笑了。」

「你覺得把書丟到地上很好玩。看爸比怎麼彎腰把它撿起來。很好玩，對不對？我們再來做一次！」

──教導孩子文字意識

大量研究顯示，親子共讀可以幫助孩子建立字彙。此外還有另一項必要因素，將會決定孩子未來的閱讀能力，那就是「文字意識（print awareness）」。

對學步兒來說，字母只是一堆混亂的線條，並沒有明顯的意義。要讓孩子學習閱讀，必須先幫助他理解，這些線條是產生聲音的字母，放在一起就形成文字。而手勢對孩子學習這件事相當重要，當家長指出正在讀的字，能讓學步兒理解，讀出來的聲音與書上的特定線條，兩者是有關聯的。這也使孩子學習特定語言的閱讀順序，舉例來說，英文是從左到右，從上到下，各個單字是以空白間隔與標點符號區隔。等孩子長大一點，遇到書中有他不熟悉的字，這時家長指著書中生字教他也是另一種方式，讓他知道所唸的聲音跟書上的單字之間存在關聯。這個過程也能幫助孩子，理解內文與圖畫之間的關係。這不但是為孩子日後閱讀奠定基礎的階段，也是教導他文字意識的範例。

已有許多研究證實，教導文字意識能帶來極大的益處。最常看家長指讀文字的孩子，和家長讀故事時不用手勢的孩子相比，除了有更好的文字意識外，也展現更高的閱讀、拼字及理解技巧。

——說故事與敘事

孩子不僅能從書中獲得許多字彙與識字前的益處，口語敘事或說故事也有這種效果。研究證實，家長的口語敘事活動，與孩子日後的語言技巧、入學準備度明顯相關。三、四歲孩子的家長若接受過口語敘事訓練（即說故事訓練），他們孩子的「去脈絡化語言」也會有顯著進步。這證明了父母若善用敘事，有助於塑造孩子未來的字彙。

說故事不只是讀故事書，例如：想像的王國、美麗的公主、飄浮在外太空的狗，當然這些也是某類型的故事；但父母對小小孩說故事，可以是最近去雜貨店的體驗、在公園裡散步、搭車進城、洗泡泡浴時發生的事。儘管這些情節看起來相當平淡乏味，但因為小孩身為故事主角，他們會喜愛無比！

在說故事時，三T原則也能提供絕佳輔助。若故事牽涉到與孩子有關的共同經驗，會鼓勵他專注參與。「多說」那些經驗，會促使孩子補充細節和其他想法，可以幫助孩子「全心全意」及「雙向互動」。

父母可以問孩子開放式問題，例如：「你認為接下來會發生什麼事？」「你想他們是去哪裡了？」「你覺得他們為什麼要那樣做？」透過這種說故事方式激發孩子的創意、增加他的字彙量，並且鼓勵深度思考。

隨著孩子長大，對說故事的參與度也會增加。雖然就某種意義來說，是父母敘述故事給嬰兒聽，但等孩子大到可以參與，每天說故事會是塑造大腦的另一項因素。較大的孩子能詳細說明故事，甚至在冒險故事中加上一段，跟父母「雙向互動」。故事到最後可以探討更個人化或深入的問題，包括他們對主題與內容的「想法與感受」。透過三T原則的協助，有效激發孩子的興趣並主動參與。

說故事也可以幫助小小孩理解「感覺」。從溜滑梯摔下來的學步兒，可能會害怕再上去玩一次；失去心愛絨毛動物玩具的小孩，可能非常傷心，但無法表達。家長透過說故事描述一個事件，以及環繞事件的情緒，協助孩子理解發生了什麼事，然後展開撫平痛苦的過程。

持續而適當的這麼做，將會幫助孩子學習如何理解、辨識及表達情緒，甚至發展更好的自我調整能力。

數學與三T

三千萬字計畫的數學單元廣受家長認可。它提供了易於實行的策略，幫助父母運用語言的力量，建立孩子早期的數學基礎。事實上，這些策略簡單到許多家長早已在生活中使用。最出乎意料的發現也許是，跟小小孩談論數學，當他們入學時，會有更好的數學能力基礎。

建立良好的早期數學基礎，其核心主題包括：數字、運算、幾何、空間推理、測量與資料；而每項主題的基本知識，在我們生命的早期就已經巧妙學會了。

嬰兒被陌生人抱，之所以會感到焦慮不安，其實是運用數學的「比較」、「相關」與

「區別」原理，像是這樣：

熟悉的味道＝好

不熟悉的味道＝壞

這種判斷用到了收集與組織資訊的數學技巧。日後這些技巧會逐步發展，變成排列與分類的能力，幫助孩子合乎邏輯的思考，並且能理性的了解世界。

吵著要更多冰淇淋的學步兒，其實是運用另一項數學概念：「比較測量」。

當三歲大的孩子唱〈王老先生有塊地〉時，能在恰到好處的時間唱「咿呀咿呀喲」，則是運用了「模式」這項數學核心概念。能夠識別模式，有助於發展孩子解決問題的技巧，以及預測的能力。

當然，想建立孩子早期的數學基礎，最明顯的起點是學習數字和計數。計數一開始是透過死記硬背：一、二、三、四，孩子並不理解這些數字代表總量，也不知道相關數字的相對位置。換句話說，孩子會知道十比六或二大，只是因為十排在六和二之後。但隨著時間過去，孩子會理解到，數字代表特定集合的總量，也就是說，「四」代表了盤子裡的餅乾總數。這個概念被稱為「基數」，就如我們之前所說過的，這是發展日後數學技巧的必要基礎。

因為數字不僅會增加，也代表個別要素的總量、在其他構成要素中的相對位置、測量，甚至可以用來當作識別碼。為了學好數學，孩子必須理解數字在每個情境中如何運作。三T在這個非常複雜的過程中，提供了強大的支持。

——無處不在的數字，如何使你思考？

數字無處不在，出現於信封上、鞋子裡、電視遙控器上。孩子看見愈多數字，有人向他們指出愈多數字，就能愈快獨立辨識數字。

在換尿布時，數一數嬰兒的腳趾頭；用餐時，數一數學步兒盤子裡的起司，一邊數，一邊指出每片起司；學前兒在爬樓梯時，請他數一數台階。當孩子長大一些，計數時先從物體的總數開始，然後邊指邊數，「有十輛玩具車。一、二、三、四……」這是在教基數，讓孩子知道每樣物品只能數一次，而數字是一個「集合」裡的東西總數。

想讓用餐時間、遊戲時間及生活中的任何時間，成為孩子學計數的愉快經驗，父母需要的是三T原則，以及一些可以數的東西。應用如下：

- **全心全意：**家長一大早注意到，學步兒想要他們幫忙穿衣服。
- **多說有益：**「你的連身褲有五個釦子。你可以幫我數數看嗎？一、二、三、四、五。五個釦子扣好，你就可以準備出發了。」
- **雙向互動：**孩子一邊扣著釦子，一邊跟著家長數數，一……二……三……彼此雙向互動。

對較大的孩子，計數包括了簡單的加法或減法，像是這樣說：「你有兩片餅乾，媽咪也有兩片餅乾，我們總共有四片餅乾。可是如果媽咪給你一片餅乾，會怎麼樣呢？那你就會有三片餅乾，媽咪只有一片。」這樣的簡單對話，可以讓孩子學到新的數學概念。

——幾何

信不信由你，對小小孩來說，幾何是很有趣的事。因為它意味著用積木蓋高塔、拼圖，或是把色彩鮮豔的沙袋丟進籃子裡。最棒的是，幾何創造出這些有趣的遊戲。孩子透過幾何學習操作形狀、空間及位置，這些都有助於建立良好的早期數學基礎。

用三T來談論形狀和它們之間的關係，是絕佳的開始。孩子周圍已環繞最好的教學範例：廚房的門是長方形；晚餐的盤子是圓形；畫框是正方形；磁磚是三角形。

接著，形狀裡面還有形狀。枕頭是正方形，但枕頭套是旋轉的波卡圓點花紋。冰箱是高高的長方形，但有兩個比較小的長方形門。與孩子共處的每個生活片段，都是探索數字與形狀的機會，例如：公園長椅、雙層巴士、超市架上的罐頭、冰淇淋甜筒。

我們之前就談過，學習幾何不可或缺的能力，是空間推理，或識別物體形狀彼此間的關係。空間推理是指，想像形狀或物體在不同位置的能力，我們在心中「操作」物體，想像它們相對於彼此的移動位置。我們繫鞋帶、把剩菜裝進塑膠容器，或駛入高速公路的車流，都是在運用空間推理。小孩拼圖、收玩具、爬上遊樂設施，也是在運用空間推理。

空間字彙包括了形狀本身的名稱，例如：「長方形」、「正方形」；也有形容形狀的字彙，例如：「彎的」、「直的」、「高的」、「比較矮的」、「之字形」。

這些字彙顯示出語言的另一項重要性。我們之前曾提過，萊文的研究發現，兩歲時認識較多空間字彙的孩子，到了四歲半時，也會擁有較佳的空間技巧。

空間推理也被證實，可以做為預測外科手術能力的關鍵指標。外科醫生進入手術室時，心理上可能也進入人體的解剖結構，預想成功做好手術必須的特定步驟。一想到這種能力的培養，或許是從三歲（或更小的年紀）玩拼圖開始，不免讓人覺得有趣。

即使孩子沒有想當外科醫生，把一塊塊拼圖完整組合、用積木蓋一座城堡，或是把一本書放回書架上的過程，都是建立空間推理的重要因素。研究已經顯示，掌握空間推理可以提高解決問題的整體技巧，並且能以此預測日後的閱讀技巧，以及科學、技術、工程、數學領域的成就。雖然直到成年期都能持續訓練空間思考，但提早開始培養，是強化孩子數學基礎的重要起步。

——空間能力

將三T原則應用於空間對話，可有效培養孩子的空間能力。家長要留意適合空間對話的機會，在說話時使用相關字彙，例如：用「大」和「小」說明尺寸、用「方形」和「圓形」描述形狀、用「平的」和「彎的」表示空間屬性。在陪孩子玩遊戲時（如：蓋積木、畫圖、拼圖），以及在日常活動時（如：鋪床、收玩具），都是使用空間對話的大好機會。洗澡時家長也能把握機會，運用三T原則為孩子建立空間能力。應用如下：

- **全心全意：**學步兒喜歡浴缸裡的泡泡。
- **多說有益：**「泡泡好像一張大大的白色毯子。你的手臂上有一條泡泡的線，那是直線。然後你看，我發現一座小小、圓圓的泡泡島，它的周圍都是水。這座泡泡島離你的手很近，可是離你的腳很遠，它是圓形。你能在水裡做出其他圓形嗎？你能做出正方形嗎？那很難。那我們來堆一座高高的山，怎麼樣？」

• **雙向互動**：「泡泡蓋住你的手。有好多泡泡，是不是？泡泡是什麼形狀？你答對了，它們是圓的！再來看看泡泡中的肥皂。肥皂是什麼形狀？是長方形，對不對？而你的毛巾是正方形。讓我們來把肥皂放在毛巾上。現在有一個長方形在正方形裡面！」

這一切的對話訓練，無疑能在未來獲得回饋，孩子的數學及空間推理能力會逐步發展為技能，為他打開許多精采的生涯大門。

——測量

測量是我們生活中不可或缺的能力，因此提早教孩子測量的基本原則，這十分合理。測量可以用來烹飪、清潔、知道要走多少步、曉得要放多少食物在餐盤裡。我們搭架子、灌籃，或是決定把多少錢投進停車收費器，都是在測量。

結合生活具體經驗的語言，是孩子第一次接觸測量的工具。例如：

「你可以讓你的嘟嘟火車跑得很快嗎？」
「哇，你蓋的塔好高！」
「這個箱子太重了，我抬不起來。」
「那根義大利麵真長。」

當孩子發展出屬性的意識，例如：長度、重量、高度、速度後，可以透過比較的方式來學習測量：

「哪輛嘟嘟火車跑得比較快？」
「哇！你蓋的塔比燈還高。」
「也許我應該拿比較小的箱子。這個箱子太重了，我抬不起來。」
「那根義大利麵比盤子還長。」

還有更多例子，如下：

「你已經長大了。現在你的猴子圖案襯衫太小了，需要比較大件的襯衫！」

「你的杯子在吃早餐前是滿的，現在空了。你把它全部喝光了。」

「看看你把球丟得多遠！我沒有丟得那麼遠。看看我們的球離得多近？」

「如果你來幫我，我們可以做一個蛋糕。這裡是杯子。你可以用麵粉把它裝滿嗎？很棒。現在我們需要糖。我們需要的糖比麵粉少。半杯。你可以裝半杯的糖嗎？太棒了！我喜歡跟你一起做點心。」

透過對比的字彙（如：「大」和「小」、「滿」和「空」），能幫助孩子理解「相同」和「不同」、「較多」和「較少」的比較概念。

——收集與理解資料

雖然對孩子來說，理解資料沒什麼實際應用的機會，但其實那都是生活的一部分，因此也是早期數學的重要基礎。為了理解世界，孩子通常會注意並收集各種資訊（也就是資料），例如：遇到的人與動物、天氣、房間裡的東西、通心粉的味道……一切事物的資料。這是孩子學習理解世界及其身處位置的方式。

孩子從很早就開始進行資料收集與分析，發生於各種情境中，例如：嬰兒吃了新食物，臉色一變，然後把它吐出來；學步兒面對兩塊不同大小的餅乾，必須從中做出選擇；妹妹把橘色與綠色的水果軟糖分開來，然後把較少的那堆分給哥哥；學前兒看著自己的玩具卡車，然後跟朋友的卡車比大小。

家長也能用三T原則，幫孩子理解資料，應用如下：

- **全心全意**：小孩穿著爸爸的鞋子，在客廳走來走去。
- **多說有益**：「你在穿爸比的鞋，它們對你來說太大了！爸比有一雙大腳，所以需要大鞋子。看看爸比的腳，跟你的腳比起來哪裡不一樣？你的腳小多了。」
- **雙向互動**：「誰的鞋子比較大？爸比的還是你的？對！爸比的鞋子比你的鞋子大多了。可是你的腳還在長大，所以上個星期我們買了一雙新鞋給你，因為舊鞋子擠到你的腳趾頭。它們真的太小了。」

在每天看見的資訊或資料中，識別出它們細微的差異與變化，是學習理解「如何將事物放進模式」的一部分。孩子若能夠識別、辨認及創造模式，就可以合乎邏輯的思考與預測，這不僅是學習數學的基礎，也是理解日常生活的必要技能。「模式」能幫助孩子計算、閱讀、彈奏音樂、看懂時間。

大人時時刻刻都在使用模式：企業主為了策劃行銷策略，會檢視銷售模式；資訊科技專家在設計軟體程式時，使用程式碼模式；清潔隊員清運垃圾的路線，是運用定向模式；醫生診斷疾病，則採用健康模式。

孩子使用模式的方式，大致上跟成人相同：嬰兒可以預測換完尿布後，爸爸會更換睡衣；學步兒可以預測吃完午餐後，午睡時間就到了；學前兒可以預測媽媽和爸爸下班回家後，馬上就會共進晚餐……這些事件都在意料之中，因為每個人（即使是非常幼小的嬰兒）都會識別自己日常生活中的模式。事實上，若能熟悉生活的模式，孩子在例行活動中將感到十分自在。一旦孩子知道接下來會發生什麼事，他們的大腦就可以專注於學習。

三T原則有助於教導孩子學習「模式」。嬰兒喜歡重複自己聽到的聲音，所以當嬰兒牙牙學語時，就盡可能讓這種來回互動持續進行；學步兒喜歡唱唱跳跳，就唱一首琅琅上口、重複副歌的歌曲，如果有蹦蹦跳跳的舞蹈更好，可以鼓勵孩子一起唱跳；帶學前兒去公園玩的時候，可以跟孩子「雙向互動」，一起尋找遊樂設施或景觀的模式。其實「模式」無處不在，例如：洗衣間、晚餐桌上、動物園裡、人行道上、車子裡等，因此隨時有談論模式的機會。

最後，數學可能是這些基礎技能之一。史丹佛大學教育學研究所教授黛博拉・斯蒂佩克（Deborah Stipek）曾寫道：「研究指出孩子入學時的數學技能，可做為預測日後學術成就的強烈指標。一項研究顯示，幼兒園入學時的數學技能，可以預測孩子幼兒園入學時的閱讀技能，以及小學三年級時的閱讀能力。雖然孩子可以在進幼兒園後從頭學習數學，但他們將處於劣勢。」

反之，若在孩子入學前，就先在他心裡撒下數學的種子，這將對未來的學習大有幫助。

基於歷程的讚美

家長對孩子的期待通常很明確，希望他能發揮潛力、具有穩定性、生產力、同理心、建設性，當然還有面對阻礙時堅持不懈的毅力。願意一試再試的孩子，到底與遭遇失敗就叫停的孩子有何差別？

關鍵在於我們之前談過的「讚美」。

有些參加「三千萬字計畫」的家長會擔心，給孩子過多讚美會讓他有「大頭症」。這時我們會幫助家長理解，孩子期待父母關心他們所做的事，以及做得有多好，並且給予鼓勵與支持。但是我們大部分的人都必須知道，不是所有讚美都能帶出好結果。讓我們複習一下杜維克著作的內容，事實上讚美的類型有兩種：

- **基於個人的讚美（讚美孩子本身）**：「你好聰明。」
- **基於歷程的讚美（讚美孩子的努力）**：「你很努力完成了拼圖，做得好！」

研究顯示，孩子若聽到較多基於歷程的讚美，也就是被讚美努力，在面對挑戰時比較不會放棄，而這種堅持不懈會幫助他們，能在學校和生活中表現得更好。

想像一下，有個小小孩在玩拼圖，而媽媽坐在地板上也「全心全意」參與活動。當孩子把一塊拼圖放進好幾個洞裡嘗試，還沒找到正確位置時，媽媽給予他基於歷程的讚美：

「我喜歡你不斷嘗試，直到發現拼圖的正確位置。你很有決心！而且你能做到！」這會讓孩子學習到，不放棄是一種力量。

那麼，家長在與孩子的日常互動中，該如何融入更多基於歷程的讚美？其實就是隨時「注意孩子良好的表現」。家長要記得，小小孩其實還在學習「好行為」的基本原則，只要有機會就指出孩子的好行為，並且予以增強。對此，「全心全意」實在不可或缺，因為家長若沒將注意力放在孩子身上，可能錯失他做對事的那些片刻，而孩子做錯事永遠被凸顯放大、批評指責。

讚美「好事」會鼓勵孩子，將這些事養成習慣。家長可以這樣讚美：

「你吃飯的時候會乖乖坐在餐桌旁，做得很好。爸比真以你為榮。」
「你畫圖的時候好專心。我喜歡你用的每種顏色。」
「貓咪喜歡你輕輕摸牠。牠在咕嚕咕嚕叫，因為覺得好舒服。」

家長的讚美愈具體而一致，孩子也愈容易理解。更重要的是，這樣做能讓孩子學到什麼是好行為。

智力很重要，但孩子若不肯好好坐著，聽從指令或控制情緒，那麼不論他有多聰明，根本不可能學習。而執行功能也證明了早期語言環境的重要性。照顧者的語言不僅能塑造孩子的大腦，也塑造他的行為。

自我調整及執行功能

執行功能原本並未列入「三千萬字計畫」的課程。它之所以被納入課程，證明了這些媽媽們如何全心全意投入「三千萬字計畫」專案，進而影響該專案的發展形式。雖然媽媽們都認同「三千萬字計畫」的宗旨，也就是「豐富孩子早期的語言環境」，但她們的期望不只如此，希望找到讓孩子表現得更好的方法。

她們的建議極具洞見，因為事實上，在校表現良好，需要的不只是聰明。孩子或許可以數到五十、唱ABC字母歌，甚至認得一些基本單字，但如果他們不能好好坐著，聽從指令或控制情緒，就還沒準備好迎接幼兒園第一天的學習。若缺乏強而有力的執行功能與自我調整，僅靠智力來學習，對孩子來說實在是場苦仗。

那麼，家長要如何幫助孩子發展執行功能與自我調整？

答案就是「話語」。剛才提過，話語不僅能塑造孩子的大腦，也塑造他的行為。

我們都想過一些現實中絕對不會去做的事，例如：對櫃檯後面某個粗魯的店員表達不滿、吃完冰箱裡讓人墮落的巧克力蛋糕、對高速公路上超車的傢伙比中指等，這些都是人性的一部分。不過面對這些情況，我們通常能控制情緒，克制衝動。一個人能不讓情緒失控而衝動行事，使自己冷靜並回復正常的能力，就是「自我調整」。

如果人類能像呼吸一樣，天生就擁有「自我調整」的能力，這世界將會截然不同。到底是什麼原因，使一個人比別人更能控制破壞性的衝動？我們曾討論過其中一個重要原因，就是家中持續的壓力，它會對嬰幼兒皮質醇濃度造成影響，使孩子無法自我控制；但即使家中沒有壓力，自我調整仍然是一個學習過程。因此，語言再次變得格外重要。

在孩子早期的生命中，還沒有自我調整能力，這時都是接受家長控制：要歸還從朋友那裡拿來的玩具、別因為憤怒而出手攻擊手足、不要在客廳牆壁上亂塗鴉等。但如果家長在孩子還小的時候，就灌輸他自我調整的能力，會帶來終身的重要影響，因為這是讓孩子專注、聽從指令、解決問題、克制衝動、控制情緒的關鍵要素，從入學第一天開始，就對學業成就至關重要。當然，三T原則也能運用於這塊領域。

必須注意的是，三T原則不是專門為發展自我調整所使用的技巧（如：心智工具及其相關課程），但它提供家長一套固定程序，能成功輔助大多數孩子，強化他們自我調整的各個面向。

培養孩子自我調整的一種重要做法，是提供選擇。如果所有決定都是由大人完成，孩子永遠學不會考量自己行為的結果。當孩子有選擇的機會時，就必須停下來思考，衡量輕重，做出抉擇，然後表達出來或執行決定。應用如下：

- **全心全意：**孩子剛起床，急著去看爺爺。
- **多說有益：**「晚一點要去看爺爺，我們來穿衣服。這是紫色的洋裝，那是粉紅色的洋裝。紫色洋裝上有非常漂亮的花朵，粉紅色洋裝的袖子有花邊，上面還有口袋。」
- **雙向互動：**「妳想要穿哪一件？」「粉紅色那件嗎？」「我以為妳會選紫色的洋裝！可以告訴我，妳為什麼選粉紅色那件嗎？」「妳想要穿那件，因為它有口袋？」「啊，這樣妳就可以把爺爺給的糖果放進去了！」「我覺得那件最好，因為那件裙子最適合轉圈圈。很好的選擇。」

此外，讓孩子做選擇，也是有效改善行為的方式。應用如下：

• **全心全意：**用餐時間，學步兒抗議必須坐進兒童高腳椅。

• **多說有益：**「我知道你餓了，所以有點暴躁。我們來吃點午餐，讓我來看看櫥櫃裡有什麼。我看到義大利麵，還有泡菜。我想你不會想吃泡菜，對不對？」

• **雙向互動：**「你想要花生醬三明治，還是義大利麵？」「義大利麵，義大利麵，好像給你再多義大利麵都不夠呢！」「我們應該把它放進碗裡，還是放進盤子裡呢？」「搖盒子的時候，義大利麵在裡頭會發出有趣的聲音。你想要搖搖看嗎？搖，搖，搖。」

父母讓孩子做選擇，就是鼓勵他獨立思考。而在三T原則的輔助下，能有效鍛鍊孩子的大腦控制區域。

教導自我調整的最佳方式：以身作則

家長教導自我調整的另一種方式，是為孩子示範自我調整。孩子會透過模仿大人來學習行為。因此當家長感到挫折或煩亂時，應該以適當的方式及語氣，把自己的感受和處理方式告訴孩子。必須特別注意的是，家長跟孩子談話，目的不是發洩情緒，而是教孩子如何以最適當、有建設性的方式處理問題。在此，三T原則同樣奏效。應用如下：

- **全心全意：**媽媽走到大門，才發現找不到鑰匙。她不帶惱怒或壓力的向孩子解釋。
- **多說有益：**「真不敢相信，我又弄丟鑰匙了。我這禮拜第三次把它們放錯地方了，真是心煩意亂。我上班要遲到了。你可以幫媽咪找找看鑰匙嗎？」
- **雙向互動：**「你有沒有在餐桌底下看見鑰匙？你會想到在那邊找，真的很棒，因為媽咪有時會把鑰匙留在餐桌上，鑰匙可能會掉到地上。我們是不是也該去廚房的流理台看看？」

這項策略也能讓家長保持冷靜的回應孩子。應用如下：

- **全心全意：**學步兒把一碗葡萄乾倒在地毯上，然後走來走去，把它們壓到地毯纖維裡。這時爸爸冷靜回應。
- **多說有益：**「不要踩在葡萄乾上面，這樣會把地毯弄髒，而且你的襪子會變得很黏。我們把它們撿起來丟掉，這些葡萄乾現在不能吃了，因為它們很髒。我們去拿濕抹布，把地毯擦乾淨。你一條，我一條，我們一起來。」

- **雙向互動**：「你把葡萄乾清理乾淨了，做得很棒！你可不可以把襪子脫下來？這樣才不會留下黏答答的腳印。很棒，現在我們來洗手，然後我再給你新的點心。」

當然，這種回應方式會耗費極大的心力，而且對父母來說，還需要極大的自我調整來保持冷靜。但家長親自示範，教孩子如何有建設性的解決問題，將影響他一生處理問題的方式。自我調整幾乎是所有事情的重要基礎，甚至養兒育女也不例外！

給予孩子指令，無法鍛鍊自我調整或塑造大腦

父母給予孩子指令或簡短命令，這樣做幾乎沒辦法塑造他的大腦。因為孩子甚至不需要使用言語來回應，例如：「坐下。」「安靜。」「戴上帽子。」「把書給我。」「不要那樣。」

這乍聽之下真是違反直覺。家長確切告訴孩子要做什麼，理應有效才對。而且發出指令的當下，情況似乎確實如此。家長以五星上將的態度對孩子說：「停！」然後小孩確實停下來了。家長接著說：「戴上帽子。」然後小孩確實把帽子戴好了。然而，孩子只是停

止或執行當下的動作，而沒有養成持續的習慣。

對孩子說話的方式有很多種，但不是所有方式都能塑造大腦，指令就是最好的負面例子。指令式語言跟三T原則完全相反，通常是以粗暴的語氣說話，用詞比較嚴厲，而且幾乎不需要回應。雖然也許能讓孩子學到字彙，但絕對無法塑造他的大腦。

指令的替代方案：原因思考

「三千萬字計畫」提出有別於指令的替代方案，稱之為「原因思考（because thinking）」。

我們的日常生活通常很忙碌，如果再加上小小孩來攪局，對於正在處理手上任務的家長來說，這情況相當考驗耐心。通常在這些感到挫折的時刻，指令很自然會脫口而出。

家長在早上要帶孩子出門時，說一句：「去穿鞋。」這是不需要費心思考的指令，而如果家長夠幸運，孩子會乖乖把鞋子穿好。

而「三千萬字計畫」的替代方案是這樣說：「去大衛叔叔家的時間到了。你最好穿上鞋子，因為如果沒穿，你的腳會被雨淋溼，而且會感覺很冷。所以快去穿上鞋子吧！」

「原因思考」的講話方式能幫助孩子理解，做某件事是有基本理由的，而不只是要聽從的指令。「原因思考」也能使孩子學習判斷事情的起因、行為的後果，並且知道為何要在某個時間，用某種方式完成某件事情。同時，它也有助於學習批判性思考，這種思考是邁向更高層次學習的基礎。

父母在面對孩子的不當行為時，也可能會惱怒的發出指令。比方說，如果孩子拿起父母的手機，用黏答答的手指滑動觸控式螢幕。這時家長的回應可能是說：「放下我的手機，馬上！」或者可以這樣說：「請把我的手機放回餐桌。如果你把手機掉到地上，它會壞掉。這樣如果席妮阿姨打電話來，我們就沒辦法跟她講話了。」

跟孩子說：「吃早餐。」也許會讓他乖乖吃飯；但告訴孩子為什麼要吃早餐，會為他建立畢生受用的知識，知道人需要食物來維持生理健康。跟孩子說：「不要在樓梯上玩。」也許能讓他乖乖下來；但跟孩子解釋為什麼，會為他建立畢生受用的知識，知道要評估活動有沒有潛在危險。

這些畢生受用的知識，並不會在一夕之間產生。不過家長若能始終如一，在日常生活中持續「原因思考」的講話方式，這些都成為孩子思考過程的一部分，總有一天不用家長多說，孩子就會主動自己穿上鞋子。

當然，我們之前也討論過的，家長在某些時刻發出指令，不僅合理，而且必要。孩子追著球跑進車水馬龍的街道，隨時有車子迎面而來。這時可不適合處變不驚的循循善誘說：「小寶貝，請不要跑到十字路口。路上飛馳的車子可能會撞到你，那會很痛唷！」這時家長說：「馬上停下來！有車子來了！」絕對是恰當的指令。當然，這樣說並不會塑造孩子的大腦，但在緊急情況下，這樣做實在情有可原。

從積極面來看，由於父母經常使用「原因思考」的方式，對孩子正在發展的批判性思考能力是有好處的，最終會塑造出一個善於分析的明智大腦，它會靠自己判斷說：「不要！」而歸根究柢，那正是我們所努力的目標。

三T原則與創意

很少人會把藝術當作孩子的發展重點。是的，孩子手邊總是不乏蠟筆和口紅膠，但往往只是準備進醫學院，或工程，或學寫程式碼的配角。

但創意對科學領域其實很重要，它能幫助我們發現新世界、新的做事方式，以及前所未有的新點子。事實上，如果孩子很小的時候被鼓勵進行創意思考，在入學時可能會有較堅實的學習基礎。創意並不是天分或技巧；確切來說，它更傾向於探索、發現與想像。

問題是：「我們如何鼓勵孩子探索、發現與想像？」雖然藝術並不是我們計畫的正式課程，但在此運用三T原則，仍然相當有效。

音樂

在許多不同層面上，音樂都有益於孩子的大腦發展，它教導語言及溝通；刺激運動，促進動作發展與肢體成長；建立傾聽技巧；強化腦部負責抽象思考、同理、數學的神經路徑；提供表達想法及感受的創意出口；鼓勵富有想像力的思考。完全沉浸在音樂裡的孩子，能從中獲得極大的好處。

三T原則與音樂相當合拍。應用如下：

- **全心全意：**自然而然的唱歌，使聲音聽起來有趣點，也許能讓孩子參與得更久。
- **多說有益：**選一首最喜歡的歌曲，然後唱，唱，唱。
- **雙向互動：**每個舞蹈動作、每次拍手、每句歌詞，都是輪流的機會。

有些歌曲能向孩子介紹日常不常用的字彙，例如：〈編玫瑰花環〉（*Ring Around the Rosie*）、〈六便士之歌〉（*Sing a Song of Sixpence*）、〈我是一個小茶壺〉（*I'm a Little Teapot*）；有些歌曲能向孩子介紹數字及計數，例如：〈五隻小猴子〉（*Five Little Monkeys*）、〈扣住我的鞋〉（*One, Two, Buckle My Shoe*）、〈這位老先生〉（*This Old Man*）；有些歌曲能強化孩子的空間概念，例如：〈打開手，合上手〉（*Open Shut Them*）、〈約克的尊爵〉（*The Noble Duke of York*）、〈變戲法〉（*Hokey Pokey*）；有些歌曲能教導孩子模式，例如：〈王老先生有塊地〉（*Old MacDonald Had a Farm*）及〈賓果〉（*Bingo*）。有誰會知道，用音樂塑造孩子的大腦，可以如此有趣？

其實孩子也愛製造音樂。無論是用木杓敲打鍋子、亂彈玩具吉他，或是拍打鋼琴鍵……這些透過音樂表達自己的方式，無關對錯，因此這也是讓孩子自由發揮，建立自信與自尊的大好機會。

視覺藝術

視覺藝術（包括著色、繪畫及雕塑）對孩子的發展也極為有力。它們不僅協助動作發展，也幫助孩子表達無法用言語表述的想法與感受，這對字彙不足的小小孩特別重要。在視覺藝術領域，與音樂一樣無關對錯，重點在於什麼能滿足藝術家，而他們需要的，只是空白紙張、蠟筆及想像力。研究證實，常參與藝術的孩子，在閱讀及自我調整方面表現較佳。孩子對藝術表現的探索，提供父母許多使用三T原則的機會。應用如下：

- **全心全意**：無論任何活動、媒介或點子，都跟隨孩子的引導。可能是把所有寶石般色調的顏料全部混合，調出了單調乏味的咖啡色；可能是在一張紙上畫出一系列直線和曲線。可能是用指尖蘸漿糊，在硬紙板上闢出一條指印小徑。一切順其自然，隨孩子興之所至。
- **多說有益**：用言語表達孩子正在做的事。談論藝術作品，是介紹日常對話不常使用的形容詞及動詞的最佳時機。
- **雙向互動**：提出開放式問題，討論使用的材料、選擇的顏色、成形的樣子，以及藝術家心裡的其他想法。

將談話專注於創作過程，不需要評價或評論，允許孩子用自己的話語描述作品。這可以幫助孩子發展分析與溝通想法的能力，使他們能夠獨立思考並擁有自信。

假裝遊戲

「假裝」是兒童發展的基礎。從某種意義來說，鼓勵小小孩開發想像力，是探索世界的另一種方式，開始為自己添加一枚通往世界的戳章。「假裝」是表達想法與感受的安全入口，它能教導孩子溝通，並且促進識字前技巧。此外，它也強化社交技巧，並促進更高、更深遠的思考方式。

假裝遊戲（pretend play）是運用孩子現有的字彙，以及他曾聽過但尚未完全理解的各種語言。加入遊戲行列的家長，為孩子提供機會，讓他帶頭「假裝」，但孩子仍會從親子互動中獲得學習。應用如下：

- **全心全意：**父母當替補演員、小角色，讓孩子來導演一切。有什麼地方會比孩子自己一手打造的世界，更適合讓他負責掌管？
- **多說有益：**不改變已經展開的內容，尋找擴張對話及延伸對話的方式。
- **雙向互動：**提出開放式問題，讓表演繼續下去。「接下來會發生什麼事？」「我應該要對她說什麼？」「那座城堡長什麼樣子？」「我現在應該做什麼？」

這種孩子的想像遊戲，會隨著長大而改變。學步兒的「假裝」比較傾向獨自遊戲，像是用玩具茶杯喝想像中的茶，或者拿起一塊積木放到耳邊，好像在打電話；學前兒的假裝遊戲開始有互動，包括了角色扮演與裝扮。參與假裝遊戲是另一種塑造大腦、建立親子關係及創意技巧的方式，而「樂趣」是附帶的額外好處。

後話：容許孩子表達創意

嬰兒嘗試讓玩具嘎吱作響，是展現創意思考的行動；學步兒試圖用疊杯製造一列火車，是展現創意思考的行動；較大的孩子在扮演角色時，穿上超級英雄的披風，是展現創意思考的行動。

當孩子被容許表達創意，大腦會發生許許多多的事，而其中最棒的事，或許是獨立思考。數學與閱讀完全仰賴學習既定規則，藝術則大多是免於規則。容許創意蓬勃發展，可以幫助孩子理解世界，並於其中建立自我意識。年復一年，會為孩子的世界帶來正面而創新的進步。這是另一項應當鼓勵發展藝術的好理由。

第四個T

過去當人們不專心時，我們通常會說他們是「心不在焉（zoned out）」。現在我們可以很有信心的說，他們是「心在數位（digitaled out）」。這種脫節狀況同樣會影響大腦發展，但不是以正面的方式。因為沒有「全心全意」、「多說有益」、「雙向互動」，家長對孩子的回應範圍，僅限於「嗯哼」到「等一下」，再到完全沉默。也許第四個T應該是「把它關機（Turn It Off）」。

在數位時代以前，家長會讓孩子忙著做什麼呢？有可能是著色本？積木？玩具鼓？或者是洋娃娃？

而現在呢？

看看超市走道上，家長把雜貨裝進推車，而推車裡的小小孩在玩電子裝置——通常是父母的iPhone。先別看孩子，看看經過的大人。你看見他們有絲毫震驚或驚訝嗎？有任何人對這景況做出絲毫疑惑反應嗎？有任何人注意到，孩子與家長沒有隻字片語的互動嗎？有任何人覺得「這真是錯過了大好機會」嗎？

完成人生中的工作，需要耗費大量的時間與心力，沒有人會質疑這點。但我們之所以要完成堆積如山的任務，是為了讓人生到頭來可以更輕鬆：櫥櫃裡有食物、帳單按時繳納、車裡有汽油；但孩子有能力學習、情緒穩定、與家長建立溫暖而接納的關係，也有助於讓人生更輕鬆。追根究柢，家長最重要的目標是：孩子情緒穩定，能夠有建設性且有智慧的面對人生挑戰。當孩子年幼時，持續而正面的與他互動，有助於達成這項目標。在超市，家長可以「全心全意」在孩子專注的事物上，無論那是推車或蘋果……「多說有益」，針對孩子感興趣的事物，以及之後的發展提供相關資訊……然後「雙向互動」，規劃如何切菜、燉湯，或者要買哪一種早餐麥片。傾聽與對孩子說話同樣重要——或許還更重要。當孩子年幼時，家長花十五年的時間傾聽與對話，將會對結果感到非常滿意。而且是的，人生會更輕鬆。

順帶一提，這個想法不僅適用於超市，也適用於餐廳、公園和書店。

不是只有三千萬字計畫相信「過度使用科技對兒童有害」，美國兒科學會建議，兩歲以下的孩子全面禁止使用電視或科技；而對兩歲以上的孩子，他們則建議家長，應當將螢幕時間限定在一天少於一至兩小時，同時就內容加以限制。這項建議涵蓋任何螢幕裝置，包括：電腦、平板電腦、智慧型手機，甚至為兒童設計的電玩。

- **全心全意**：電視絕不可能跟孩子「全心全意」。儘管孩子看起來好像被螢幕上發生的事完全迷住，但是科學告訴我們，學習不會就此產生。電視是大腦的單行道。
- **多說有益**：噓……想要跟沉浸在電子裝置裡的某某人「多說有益」，或只是說說話？不可能。
- **雙向互動**：電子裝置不會輪流，而是抓住全部的注意力。它們在互動裡扮演的角色是設定好的，沒有什麼可以改變。即使正確回答「問題」，也只代表孩子遵循指令，並非交談。

電視節目確實也將問題融入劇中角色的對話，但孩子從中得到的答案是早已被預先規劃好的，並不是針對孩子來調整解答，也不會「全心全意」針對孩子來答覆。電視當然有趣，但無法持續對話，也未必擁有像親子互動一樣的品質。

在第三章提過庫兒的研究，讓兩組九個月大的嬰兒聆聽華語，一組是透過活生生的人，另一組則是透過DVD裡的人，結果顯示，雖然觀看DVD的嬰兒似乎更專注，但他們學到的華語，不僅遠少於有真人對他們說話的嬰兒，跟另一組只聽到英文的嬰兒相較，也沒有表現得更好。事實上，唯一學會華語的，是那些透過真人互動接受指導的嬰兒。

庫兒的發現獲得喬治城大學所做的研究證實，這次研究的孩子是學習新奇的任務，而非華語。在研究中，兩組十二至二十四個月大的孩子，一遍又一遍觀察一個人示範如何脫掉老鼠戲偶的手套。如同庫兒的研究，一組觀察活生生的人完成整個步驟；另一組則是觀看DVD。

結果基本上一樣。看現場示範的孩子，能夠幾乎沒有困難的模仿動作；觀看DVD示範的孩子，則完全無法複製動作。

結論是：「孩子的大腦從社交互動中，獲得最佳學習效果。」

面對現實

今天在我們任何人的生活中，可能排除科技嗎？我確定你知道，此刻的我正在電腦上打這些字，之後要用電子郵件寄給其他人看。我會先用 iPhone 打電話給他們，確認他們在那兒，如果他們不在，就傳簡訊告訴他們有信來了。

這個時候，我的兒子艾夏正在樓下。這是他每週五放學後的輕鬆下午，跟六個最要好的兄弟扎克、諾倫、葛洛夫、強尼、傑森和班恩，玩電腦遊戲《勁爆美式足球二〇一五》（*Madden 2015*）。而且，是的，你可以憑持續不斷的尖叫、歡呼和建議——大量的建議，得知這是高度的互動。當然，我更希望他們出去打一場痛快的觸式橄欖球賽，儘管如此，他們之間肯定有互動。

因此，科技確實有用，但它絕對是一項需要留意的習慣，而且如果干擾到家長與小小孩之間的互動，那就是需要節制的事物。「三千萬字計畫」有項課程稱為「科技飲食（Technology Diet）」，內容包括誠實判斷科技攝取量。在一天之內，你使用哪些裝置、為何使用、使用多久，以及其中有多少是蛋白質、花椰菜或巧克力？這包括使用裝置、使用社交媒體（如：臉書和推特），以及當然，上 Google 查詢你二十年沒見面的朋友現在在做什麼。下一步是檢視裝置如何干擾關係（包括跟孩子的關係）。最後一步是規劃攝取量，有意識的努力監督自己，何時使用裝置、如何使用，以及使用量是多少。

未來掌握什麼？

十九世紀初，亞歷山大．格拉漢姆．貝爾（Alexander Graham Bell）寫信給他的父親，談到他發明了一樣東西，能讓「朋友不需要出門就可以彼此交談」。然後，一八七六年三月十日，就在全球第一通電話裡，貝爾請助理進他的辦公室，「華生先生，請你過來，我想見你。」

貝爾開闢了一個不可思議的摩登時代。

這應當足以提醒我們，今天的「現代」很快就會變得不現代，就像蓄著長髮、身穿「要做愛，不要作戰」（Make Love Not War）T恤的嬉皮，雖然還是不錯，卻一點也不現代。我們在數位冰山的一角，明天將是數位科技截然不同，而且極可能更具侵入性的一天。

有趣而值得注意的是，貝爾拒絕在他的辦公室裝設電話，因為他覺得那會打斷自己的科學研究工作！

學習與科技為友

早期教育計畫及新美國學習科技專案董事麗莎・格里賽（Lisa Guernsey）和芝麻街工作室（Sesame Workshop）瓊・岡茨・寇尼中心（Joan Ganz Cooney Center）兒童發展與政策專家暨創始董事邁可・萊文（Michael Levine），已大量思考如何運用科技來加強親子互動，以及兒童的語言與讀寫發展。

在他們《輕敲、點擊、閱讀：在螢幕世界裡長大的讀者》（*Tap, Click, Read: Growing Readers in a World of Screens*）一書中，帶我們進入數位時代學習的外太空之旅。書中鉅細靡遺檢視當今世紀，並設想我們若發展新的思考及教學模式，去幫助更廣大的孩子，這世紀會變成什麼樣子。格里賽與萊文關注的是從出生到八歲大的孩子。

格里賽與萊文想要得知的是，在「智慧型手機、觸控式平板電腦、隨選影片已幾乎無處不在」的互動式數位世界，「教導孩子讀寫能力的意義何在」。他們提出的問題包括：分辨哪些跟新科技有關的特性及習慣，有助於達到增進小孩讀寫能力的目的，哪些東西應當避免，以及答案如何因個別孩子與不同環境而有差別。

振奮人心的是，這些問題已經提出，因為排山倒海而來的數位科技已勢不可擋。儘管讀寫能力是我們生活中的基本要素，建立小孩讀寫能力的人際互動卻具有更廣泛的影響。在早年成長期的生命中，嬰幼兒與家長及照顧者之間的互動，格外如此。孩子從出生至三歲的語言環境，影響的不只是讀寫能力，更影響我們這個人的核心。而這仰賴的不只是話語，更仰賴說話的方式、說話的環境，以及家長或照顧者的溫暖與接納。那需要龐大的數位科技創造力，才能複製。

6

社會影響

神經可塑性科學，
能帶我們去哪裡？

沒有人需要等待片刻，就能開始改善世界，
那是多麼美好。

——安妮．法蘭克（Anne Frank）

我們這項研究的最終目標是什麼？拉近三千萬字落差的最終目標是什麼？社會的最終目標又是什麼？當然，是想要找到方法，確保所有孩子發揮他們在教育、社交、個人及生產力上的潛能。這不僅是我國的基本理念，在基礎水平上，這也是確保國力與穩定性的一種方式。科學的實證數據，不言而喻。我們每個人的人生起步大致相同，擁有大量未開發的可能性，無論膚色、家長口袋深度或出生的國家。那麼為什麼在出生後，竟出現如此驚人的成就差異？

當你讀到這本書或正在進行的相關研究，重要的是，不要去想它是關於你的孩子、我的孩子或他們的孩子，因為到頭來，那是關乎所有孩子未來必須生存的世界。在那個世界，不是有愈來愈多的孩子進入成年期後，無法獲得最佳發展，就是有大量人口受過良好教育，有生產力且情緒穩定，具有建設性解決問題的極佳能力。這很烏托邦？不，它是合乎常理、實際、務實的想法。

持續增長的貧富差距

過去四十年間，美國貧富差距急遽增長所帶來的影響，目前反映在我們的孩子身上。今天的美國，有超過三千兩百萬的兒童（幾乎是所有兒童的一半），生長在低收入家庭。證據顯示，這項差距可能伴隨著兒童學習成果的落差擴大，致使十億公帑指定撥給學前教育使用。就我看來，此舉令人讚賞，也相當重要。但成果顯然不如預期，因為學前教育無法影響研究所指出的問題成因：這些孩子從出生至三歲間的關鍵期發生了什麼事。因此，那十億美元絕大多數是用來補救問題，而非教育孩子。

不容普遍性

重要的是必須強調，問題不僅僅在於社經地位。無論貧富，語言環境都是家庭及家長專屬的問題。在如今這個數位時代，不論家長收入多少，不論是用筆電、iPhone或iPad，當前的親子互動明顯受到威脅。只要去任何一處兒童公園，觀察在攀爬架上搖擺的孩子，你就會懂我的意思。

追根究柢，幾乎所有家長（無論社經地位或教育程度），都擁有帶領孩子在正確學習之路起步所需的字彙。因此，這只取決於家長是否理解語言環境的重要性，而在需要時，能擁有易於取得、一應俱全的適當資源。

如果把我們每個人的一生，視為一部正在進行的敘事小說，我們自己是主角，那麼第一章的第一頁，就是展開後續發展的序曲。我們無法控制第一頁會發生什麼事，但正如哈特與萊斯利等人的研究顯示，別人對我們說什麼、怎麼說，以及引起我們做出什麼反應，在很大的程度上，將成為「我們是誰」及「我們如何面對人生」的強大決定因素；儘管它不會占百分之百，卻會決定那本書接下來的可觀篇幅。

發展的決定因素：家長及照顧者

那麼，新生兒是如何從最初的潛能，到成年時將潛力發揮出來？那是身為家長及照顧者的我們，派上用場的地方。

雖然這本書表面上，似乎是在講述兒童與智力可塑性，但核心在於家長必要而有力的角色。這並不是說，家長未必了解自己的重要性。我們當然了解，否則為何要擔心我們做的每件事是否做對？但直到近幾年，科學才協助我們取得更好的機會。「三千萬字計畫」的誕生，不僅是為了我們自己的孩子，而是在更大範圍內，協助我們去了解一個更全面的規畫，以改善所有孩子的人生，甚至進一步改善他們將要生存的世界。

察覺到三千萬字的落差，這是個前所未有的機會，它暗喻了語言對孩子早期大腦發展的重要性。它讓家長理解，他們擁有幫助孩子發揮極致潛能的力量。更重要的是，它向家長說明強化這股力量的步驟。理解三千萬字的落差，也有助於打好基礎，扭轉所有孩子的局勢。在這方面，科學的作用不言而喻。為了拉近成就落差，確保所有孩子都能發揮潛力，必須發展設計良好、仔細監控、以科學實證為基礎的課程，來協助願景實現。而是否採用這些適合幫助孩子的課程，取決於家長及照顧者。

這是塔爾薩（Tulsa）社區行動專案執行董事史蒂文・道（Steven Dow）所謂「極大的矛盾（great paradox）」：雖然孩子的童年早期其實是家長的事，而我們也知道家長對孩子最後智力成果的重要性，但往往到拉近成就落差的課程發展及改革之後，家長才被納入考量。他們可能會在討論中被提及，但最後通常被視為附加項目，而非做出必要改變的關鍵工具。然而，一個令人啼笑皆非的歷史事件出現了。正因為哈特與萊斯利試圖幫助孩子做好入學準備的學前專案失敗，才促使他們針對家長為孩子學業成果帶來的影響，進行長期性研究。

解除矛盾

學前教育的重要性，無庸質疑。但如果孩子在不具備學習先決條件的情況下，進入學前教育，那麼課程絕大部分是用來補救。為了讓學前教育發揮最大的作用，並確保不會因缺乏入學準備，而預告學業生涯得不斷追趕進度或失敗，孩子在進入課程前就必須先做好學習的準備。這強調必須設計扎實的兒童早期課程，包括要把家長的幫助也列入，以確保那些需要額外資源的孩子能做好入學準備。這些課程將協助家長在孩子生命最初三年，也就是大腦發展的必要階段，提供最佳的語言環境。家訪將幫助家長設定語言目標，仔細監控以協助家長達成目標。為了確保成功並準確評估課程設計，課程項目將包括一個內部的評量與改進程序。

成功取決於強大的支持系統。儘管在過去，家長介入曾出現問題，而且可能需要更多的研究或以實證為基礎的課程發展，但科學證實，努力是必要的，因為唯有家長或主要照顧者主動參與，成為孩子早期生命的好夥伴，成果才會改善。

同樣真實的是，若全國上下都理解家長參與的重要性，並且在需要的地方提供適當的資源，數百萬孩子的人生，基本上將會是一場迎頭趕上的終身競賽。

我們做得到嗎？

如果我們可以製造微小抗體穿越體內，去攻擊特定的癌細胞；如果我們可以按幾個鍵，告訴上海的某某人，自己正在曼哈頓看秀；如果我們可以把十二個人送上月球……那麼我們就做得到。

研究教養文化

賓州大學社會學教授安妮特．拉羅（Annette Lareau）在她的標竿性著作《不平等的童年》（*Unequal Childhoods*）一書中，對照不同社會階級的教養風格，和其他研究夥伴將這些風格歸因於「階級差異永遠存在」。拉羅寫道：「在美國，社會階級背景塑造並轉化個人行為，因此，我們所追求的人生路徑，既非平等，亦非自由選擇。」

她的發現出自於研究結果，該研究徹底深入家中有九至十歲的孩子，包含了跨社經階層的家庭生活，目的是取得「有學齡兒童家庭的日常生活節奏真實寫照」。

拉羅的研究團隊不同於哈特與萊斯利，他們只是單純的觀察者，因此想要變得像「家裡養的狗」。

「我們想要家長越過我們、忽視我們，但容許我們跟他們混在一起。」

不是收集數據資料，拉羅及研究團隊運用社會學的家庭日常敘事法，探討社會模式是否具有可辨識的社經特徵。共有八十八個家庭加入拉羅的研究，十二個家庭接受密集研究。研究者主動參與他們的生活，包括：看棒球賽、做禮拜、家庭聚會、雜貨店、美容院、理髮店，甚至留宿。

所有家庭的相似之處

每個家庭，無論社經背景或家庭傳統如何，對孩子都有同樣的希望。「所有家庭都希望他們的孩子快樂，並且茁壯成長。」拉羅說。

分界點：不同家庭如何達成目標？

中產階級的家長以一種狂熱的精力，「培養孩子的才華、見解與技能」，拉羅稱之為「精心栽培（concerted cultivation）」，他們花大把時間開車載孩子參加這項活動、那項活動，以及更多的活動。再者，「中產階級家庭有更多對話……（可能有助於）口語靈活度發展較佳、字彙較多、與權威人物相處較自在，以及對抽象概念較熟悉。」此外，這些家庭父母的語言會「強調推理」、「口頭較勁」及「文字遊戲」。他們很少使用指令，「只用在健康或安全的事情上。」

拉羅將低社經家庭的教養稱為「完成『自然放養（natural growth）』」。這些孩子的生活極少安排，唯一明確不容置疑的，是服從與尊敬權威。除此之外，這是一種更加不干涉的教養方式。孩子一起自由玩耍，沒有家長的指令，他們以自由活動的方式發展，幾乎是潛移默化、不知不覺接受「父母的方式」。

這些父母的語言也反映出差異，只有簡單的指令，而非以討論或辯論為主。比方說，家長要小孩去洗澡，只是簡單說「浴室」並遞上毛巾。儘管有人會分析這些差異存在的原因，包括了資源上赤裸裸的差異，以及是否容許把時間、金錢或精力，花在旁枝末節的話語或戶外活動上，但這兩種家庭教養出來的孩子，差異顯而易見，特別是在教育成就上。

為什麼要做更多事？如果你不知道還有什麼需要做的？

拉羅所說的「精心栽培」與「自然放養」教養風格，使我聯想到杜維克的研究，因為對我來說，精心栽培與成長性思維在許多方面非常接近。兩者均意味著相信孩子的智力可塑性，也都刻意努力增強孩子的堅持不懈及掌握技能。

同樣的，即使未說出口，「自然放養」有一種「定型化思維」的意識，意味著相信先天能力無法改變。這種「固定能力」的意識，可能導致較不「精心」的教養，除了前面所述，在強調家長權威的角色時。

那麼，我們所定義的教養「文化」差異，可能在某種程度上，反映了家長在無意中認定，孩子的發展是否絕對不會改變？換句話說，如果家長沒有意識到，自己可以對孩子的未來造成影響，又怎麼會做出任何帶來影響的事？正如拉羅強調的，她追蹤的所有家長，無論社經地位，對孩子都有相同、正面的目標。差異在於，為了達到那個目標，「父母如何制定願景」。

這並非排除其他影響因素，以及忽略單純的「信念」無法概括解釋社經差異影響孩子成果的這項事實。如拉羅所述，社會階級的影響是長期累積而成，包括了相關醫療照護、工作機會、刑事司法系統，以及政治領域。事實上，理解社會階級對人生目的，以及向上流動所帶來的長遠影響，是社會科學家在民主未來的重要任務。

這使我陷入思考。

知道家長對智力可塑性所抱持的心態，會為育兒帶來影響，也對孩子的智力成長造成最終影響，在閱讀拉羅的研究後，我開始疑惑可不可能知道，那樣的心態是否在嬰兒出生的第一天，就已在母親身上表露無遺，甚至在嬰兒出生前便已建立。我回頭檢視在芝加哥大學醫院產房所做的三千萬字研究。為了辨識新手媽媽的心態是否已經就定位，我們詢問她們是否同意這項敘述：「嬰兒將來有多聰明，主要取決於出生時的先天智力。」

儘管許多來自各社經族群的媽媽並不同意，但同意者之間的差異卻極其顯著，來自較低社經階層的新手媽媽，比起較高階層的媽媽，遠較可能表示同意。

當然，最終要關注的是，若家長相信，自己無法做任何事去正面影響孩子的智力潛能，孩子較不可能獲得智力發展必要及額外的支持。

然而，問題是：「為什麼這項信念存有社經因素？」

儘管問題錯綜複雜，答案所需要的也不只是推測臆斷，我卻對這項議題感受強烈。我認為，當人們（無論是個人或在團體中）在許多方面，一遍又一遍被告知，他們沒能力學習或做事，這項信念會傳送到內心，「智力成長可塑的觀念」永遠沒有機會出現。這不是忽略很多在壓迫下長大，仍能超越克服的人；但對許多人來說，壓迫如此沉重且消耗心力，以至於成了達到目標的有效障礙。

雖然大部分人都聽過心中微小的聲音在說：「你做不到的。」堅持不懈的人還是可以克服。但當那微小聲音的後面，是過去經歷異口同聲的說：「不是你，你就是不夠聰明，你永遠做不到。」受到幾乎不可逾越的社會限制強化，繼續下去的動機可能消磨殆盡。

而這就是接下來發生的事如此鼓舞人心之處。

改變觀點

我們為發展「新生兒療育方案」，再次跟新手媽媽們見面，並且發現引人注目的改變。許多媽媽原本把她們的新生兒視為已經寫好的書，現在卻看見孩子聰明、可愛、可塑的潛力，而那些潛力是她們可以參與培養的。雖然我們看到的只是個案，並不足以宣稱具有統計相關性，但絕對足以燃起希望。

這股希望帶我直奔科學文獻。我想看看是否有研究證實，改變家長「心態」便能轉變家長「文化」。換句話說，是否有人發現，改變家長對能力是固定或可塑的觀點，就能改變他們的教養模式，使他們更有意識且主動參與孩子的努力？

這項研究由目前擔任內布拉斯加州兒童、青少年、家庭與學校研究中心博士後研究員的伊莉莎白・穆爾曼（Elizabeth Moorman，現在是穆爾曼・金〔Moorman Kim〕），以及伊利諾大學心理學教授伊娃・波梅蘭茨（Eva Pomerantz），透過七十九名育有七歲半大孩子的母親，研究這項問題。

穆爾曼．金與波梅蘭茨假設，家長的定型化思維，會導致在教養實務上較不支持孩子的智力成長。換句話說，相信智力無法改變的家長，將孩子遇到的學習困難視為顯示「固定能力」的跡象，沒有改進的機會。因此，這些母親不是提供建設性的學習方法，而是鼓勵孩子要「看起來很好」，包括告訴他如何解決問題，而不是讓孩子嘗試自己學習，從而避免失敗的恥辱。研究者在這些母親身上，也可以觀察到因孩子而產生的挫折。

穆爾曼．金與波梅蘭茨推論，引發家長的成長性思維，能幫助他們理解孩子的能力是可塑而非固定的。因此，他們處理孩子面臨瓶頸的方式，會將它視為幫助孩子學習如何學習的機會，建設性的逐步循序漸進，即使在窒礙難行時，也是如此。

穆爾曼—波梅蘭茨的研究

受訪母親被研究者隨機安排為「成長性思維」或「定型化思維」的家長。接著所有家長被告知，她們的孩子將接受瑞文氏推理測驗（Raven's matrices）以測量智力。

被安排到「定型化思維」組的母親被告知：「瑞文氏推理測驗測試孩子先天固有、與生俱來的智力。」

被安排到「成長性思維」組的母親被告知：「瑞文氏推理測驗測試孩子的智力潛能。」所有母親均被告知，在測驗進行中，她們可以隨自己的喜好，盡可能少給或多給孩子協助。

測驗經過人為操縱，對任何孩子來說都太難了。當孩子面臨瓶頸時，研究者觀察母親做何反應。

被導引為「定型化思維」的母親，也就是相信孩子的能力是「先天固有」的母親，沒有建設性，但主動施加可觀察到的控制。她們遠較可能告訴孩子如何取得正確答案，而不是在孩子孤軍奮鬥時給予支持與鼓勵。有些母親甚至從孩子手中拿走鉛筆，自己完成問題。定型化思維的母親顯然也更可能採取非建設性的教養技巧，例如：當孩子表現出無助或挫折時，便予以批評，做出好比落井下石的反應。

另一方面，一項有趣的發現是，「建設性」的教養實務，原來並不是非建設性教養實務的對立面。也就是說，提供家長「成長性思維」的架構，並不必然表示建設性教養技巧會隨之而來。它只表示少一些控制，少一些使用非建設性的技巧。

為什麼？

因為家長意識到孩子的智力是可塑的，並不表示就擁有實踐這項知識的技巧。「嬰兒不是生來聰明」不會自動導向「孩子是透過家長與他們對話而變得聰明。」你可能被指引正確的方向，但仍需要在路上行走，才能抵達目的地。

崔席雅的故事

> 除了嘗試，沒有什麼可以戰勝失敗。
>
> ——崔席雅，波西亞的母親

崔席雅經常告訴她的孩子們，波西亞、麥哲倫、皮爾、湯尼、馬庫斯及諾艾爾：「除了嘗試，沒有什麼可以戰勝失敗。」崔席雅是成長性思維教養的完美典範，她沒有大腦發展相關書籍，或是育兒雙盲研究資料，「堅韌、教育與期望」就是她的育兒核心。

崔小姐（鄰居都這麼叫她）僅有七年級的教育程度，終其一生的工作是女傭。她可以說是杜維克、赫克曼及達克沃斯的精神先驅，在孩子面對看似無法戰勝的障礙時，崔小姐督促他們完成既定目標。如果我相信通靈，我會說這名奴隸的孫女，與那些教授的著作有一種莫名的關係。

崔小姐生於一九二一年，離奴隸制度的年代不遠。她在東聖路易艱苦卓絕的養育六名子女，在一間沒有電話、電視的擁擠公寓，她努力工作，保護孩子免於外在世界的紛擾混亂。缺乏食物時，她用鄉下那套「田納西養育法」，在餐桌上供應她向農夫和獵人買來的松鼠及浣熊，充分利用家庭食物預算。

但家中總是不乏閱讀材料。在前往慈善超市（Goodwill）的路上，她會特別為了這個目的，買下一疊疊《生活》（*Life*）、《展望》（*Look*）雜誌及平裝書，一本五美分。此外，她也體現了即使最好的家長，也會做出令孩子困窘的事；崔小姐寫信給孩子的老師，信中拼音與文法錯誤百出，還敦促老師確保孩子們能獲得所需的教育資源，以發揮他們的潛能。雖然崔小姐僅有七年級的教育程度，卻下定決心不讓任何事阻礙孩子的發展。個人經驗並未攔阻她對自己，甚至對孩子的信心，這是在一般人當中罕見而絕佳的特質。她的孩子相當幸運。

崔小姐沒有「定型化思維」！

崔席雅的女兒波西亞說：「母親以一種強烈的集體責任意識養育我們，為了全體的生存……也就是我們家，從來沒有一個人的需求高過全體的需求。我們必須並肩作戰，彼此相愛，彼此扶持。母親重視教育，而且最重要的是『努力工作』，並把這個態度傳遞給全家，我們帶著強烈的是非觀念被撫養長大。以她當時對世界的了解來說，母親……對孩子懷有很高的期待。」

不單是崔席雅對孩子懷有很高的期待；由於她的緣故，孩子們對自己也懷有很高的期待。她也確保他們擁有達成期待的關鍵工具：教育。否則，買那些《生活》雜誌是為了什麼？崔席雅的孩子知道，因為她悄悄告訴他們，還有另外一個世界可以認識，可以成為其中的一份子。「這裡，」她說，「閱讀，就是那個世界存在之處。」

崔席雅還給孩子更多東西：堅持不懈的恆毅力，穿越所有人生挑戰。「做瓊斯太太的孩子就是美好的一天」，這是兄弟姊妹破解「我今天過得很糟」的通關密碼。「但我們都以真正的堅韌持續前進，」波西亞說，「就好像我們看見面對的逆境與不利的情況，仍繼續奮力穿越。」

崔席雅的女兒波西亞是誰？她是波西亞・肯尼爾（Portia Kennel），擔任預防基金會

（Ounce of Prevention Fund）創新專案資深副總裁，以及教育工作學習網絡（Educare Learning Network）執行董事。

這兩間機構是知名的早期兒童教育倡導者，他們承擔雙重責任，一方面直接與家長合作，一方面規劃早期兒童政策。第一間早期兒童教育工作中心，現在被視為具有國家標準的高學習品質，而那就是由波西亞所創辦。

為證明「成長性思維」可由家長傳遞給孩子，預防基金會早期兒童專案的第一次嘗試，稱為「貝多芬專案」，結果卻不盡理想。那時波西亞大可放棄或繼續做更多相同的事。但波西亞是崔席雅的女兒，她清楚自己的最終目標是改善孩子的人生，而且知道預防基金會可以做得更好。

波西亞取消之前的專案，接著規劃第一間極具成效的教育工作中心，成為國家範本。如果這不是成長性思維，我不知道什麼才是。

崔小姐在與癌症長期奮戰後，於六十五歲早逝，我想這是一樁悲劇。她永遠看不見自己辛勤教養的豐碩成果。但如果「善有善報」這概念是真的，她將擁有長長久久、繁花似錦的永恆未來。

那個因母親蹩腳拼音與文法而感到困窘的孩子，如今已長大成人，在教育領域舉足輕重，幫助家長（通常是母親）理解他們在孩子發展中扮演的角色，成為孩子需要的勉勵者與支持者。波西亞確實活出崔小姐傳承的堅實見證。

說個小小題外話，波西亞的名字並非出自小說《威尼斯商人》（*The Merchant of Venice*），而是取自廣播肥皂劇《波西亞面對人生》（*Portia Faces Life*）的主角，該劇從一九四〇年持續播到一九七〇年，說的是一名堅強女律師，如何在面對人生困境時為正義而戰。波西亞的名字取得真是恰當。

我們可以在每位家長身上，喚起一些崔小姐的精神嗎？或者他們已經擁有，只是並未發現？這些是難解的問題。如果你是在父母人生所開闢的路徑長大，緊緊跟隨在他們身後，不上下左右東張西望，只是向前直走，如此你預期的是，這就是自己注定要走的唯一道路——無論路上風景是否遠低於你的盼望，那麼你要如何培養自己的孩子，讓他相信未來有其他的路可走？又要如何將成長性思維灌輸給那些從未考慮「人生固定路徑會有替代方案」的家長？

當我向波西亞提出這個問題時，她笑了，指出如果教育工作中心在她年幼時就已存在，母親一定是走進他們大門的人。

成功的教養

作家韋斯．摩爾（Wes Moore）說得再好不過，「我們都是期待的產物，有人會在某些時候，把那些期待放在我們心裡，我們不是無愧期待，就是不符期待。在我生命中唯一的差異在於，有人願意為我長久堅持我的夢想，直到我長大成熟之後，發現它們也同樣是我的夢想。」

摩爾所說的是，在我們年幼時，除了「成長性思維」的支持以外，父母也必須成為我們的後衛部隊，確保任何退步只會落在無人阻擋的範圍。就如某人曾告訴我的：「如果你想要孩子不怕展翅高飛，請確保他們知道，即使自己失敗，也只會落在有人接住他們的地方。這麼一來，孩子會一而再，再而三的不斷嘗試，直到真的產生效果。」

教育工作中心校友：現代崔席雅

二〇一二年，波西亞受邀開設教育工作中心校友網絡（Educare Alumni Network），對象是那些小孩從教育工作中心課程畢業的家長，甚至有些是十多年前畢業的。這些家長希望回饋大眾，促成社區裡的改變。波西亞說，第一次會議令人振奮。家長們不但建立組織的基本結構，也充滿計畫及想法，最後還為健全的網絡設立架構，可以為兒童保育帶來廣泛的正面影響。

接著，她被親眼目睹的全面影響所震懾：教育工作中心不僅提供孩子資源，也為家長提供改變生命、獲得啟發的經驗。對波西亞來說，這真是鼓舞人心。

然後，第二項事實再度震懾到她。在與校友家長開第一次會後，波西亞回去找同事，熱情的告訴他們，家長做了哪些事、身上展現多少潛力。同事的反應令人訝異。對於她視為意想不到的親師經驗，雖然有人同樣興高采烈的聆聽，其他人卻表現得無動於衷。

這使波西亞感到困惑。是否將家長視為改變目標的意外結果，使他們莫名籠罩於負面氛圍？那些人努力鼓勵家長發展「成長性思維」，心裡卻對家長存有「定型化思維」？那些人是否出於這個原因，而看不見家長所展現，令人難以置信的成長潛力與實際成長？

「別誤會我的意思，」波西亞強調，「我們領域充滿最好的人才，我們所做的事極其重要。我只是困惑，是否在某種程度上，我們需要重新建構自己的思考。」

這令我感到困惑，是否還存有一種社會的定型化思維？

我去找波西亞，想更了解如何幫助家長及照顧者，將定型化思維的教養模式，轉化為成長性思維的教養模式。我離開時帶著答案，卻也帶著更多的問題。

我想知道，人們對於根深柢固的社會問題，是否存有社會的定型化思維？我們是否想當然的認為，因為問題已經存在這麼久了，它們永永遠遠不會改變，而且沒有可能的處理方式？而這是不是人們對能改善問題的政策需求，反應冷淡的因素？

科學不容置疑，人類大腦發展的關鍵期就是從出生至三歲。雖然這並不表示，當你吹熄四根蠟燭的那天，就是大腦發展的結束，但它們確實是關鍵期。

科學也告訴我們大腦發展的關鍵因素。孩子必須擁有足夠的營養與足夠的語言。大自然是仁慈的；它有需求，但它會供應滿足那些需求所要的東西。幾乎每個家長在沒有外界的協助下，都有能力給予小小孩最佳發展狀態所需要的東西。

是什麼阻止這樣的狀態持續發生？我們可以一起來解析深奧難懂的原因；但歸根結柢可能是因為，意識到對食物的需求是第二天性，但意識到對豐富語言的需求卻是最近的事。這項科學實證是新的；人們對它的正面評價也是新的。

儘管如此，即使我們知道孩子對早期語言環境的需求迫切，但確保語言環境出現的動機卻延遲了。教育方面的投資，幾乎總是針對幼兒園至十二年級的孩子。雖然那也是重要階段，但正如我們說過的，那筆花費往往是在解決現有問題。科學告訴我們，讀寫能力、數學或執行功能的問題根源，顯然落在出生至三歲的那幾年。想解決這些問題，意味著要重新集中精力在早期階段，因為它們帶來的影響，最後會形成我國的成就落差。

赫克曼曾寫道：「傳統的政策干預措施，不能解決成就差距的根源。為了平衡競爭環境，政府必須投資在家長身上，這樣家長才能在孩子身上做更好的投資。」

芝加哥大學公共政策教授艾芮兒．卡利爾（Ariel Kalil）曾指出，與早期兒童教育課程相關的教養課程資源有限，有另一個面向，其中部分是源自於政府觀點，認為家庭並非可管轄的機構。

卡利爾說，家庭被視為私人決策的空間。但她繼續表示，公共政策扮演一個重要角色，就是分享大腦發展科學，並確保兒童處於最佳成長及發展狀態的策略。這種公共政策計畫，不應被視為試圖改變家長偏好，而該被視為提供家長工具，協助他們達成自己的目標：將孩子培養成健康、快樂而具生產力的成年人。

改變如何發生？

為了使改變發生，必須有意識的共同努力理解科學，以及它對孩子、孩子將成為的大人、未來大人將運作的國家，所帶來的最終影響。

對早期童年的投資，必須有一個全新、強大的推動力，而這來自於理解並且明白問題需要關注的相關人士。這並不表示要摒棄較大孩子的現有問題，而是表示把問題延伸到生命的第一天。

換句話說，如果我們想要讓投資在幼兒園至十二年級的金錢，能夠獲得最大收益，就必須確保孩子進幼兒園時做好學習準備，處於最佳水平。

而這是可以發生的。伊利諾州州長夫人黛安娜・朗納（Diana Rauner）深刻意識到這些問題及相關科學，對每名出生於伊利諾州的嬰兒，進行全面支援性的家訪。這是多麼積極、主動而聰明！

推動社會的成長性思維

世上沒有揮一揮就能迅速、簡單解決問題的魔杖。單單相信所有孩子都具備智力可塑性，並不表示就可以讓所有孩子發展最佳潛力。我們看見美國成就有許多問題面向，做為一個國家，我們必須關注許多事情，幫助人民處於最佳運作狀態。這只是好的開始。

統計數據還指出另一項問題：孩子之間出現的成就落差。科學說明許多解決問題的方式，這並不表示只是把一套課程複製到每個地方，而是表示運用科學正確定義問題，然後使用科學協助設計課程，再依持續審查結果予以修正發展。那麼這個持續不斷的嚴重問題，將會成為美國社會歷史的一部分。

但唯有這個民主國家的人民，可以決定那是否發生。

引發改變的必要條件

我們必須讓早期語言環境的重要性，成為美國民風的一部分。每位家長（其實是每個人）都理解它的重要性。當家長想要且需要資源時，確保資源一應俱全，這應當是我們做為一個國家該有的習性。而課程設計應合乎科學，並意識到家長對幼兒發展的重要性。

我們也必須承認，在發現需要及提供支援課程時，並不是在描繪人民之間的差異。更確切的說，它是證實我們做為一個國家，在各方面有所不同，而彼此承諾，為了孩子及國家的緣故，務必確保所有孩子都能在智力、穩定性和生產力上，發揮他們的最佳潛能。

我們一度把出生形容為「聽天由命，全靠運氣」。這份運氣不僅延伸到一個人家庭的父母，也延伸到一個人出生的國家。我們是擁有龐大潛力的國家，但唯有人民積極參與，才能決定我們是否可以發揮潛力。

以科學做為改變社會的基礎

科學可能令人卻步，好像是一種某些人才有的專門知識，但不應如此。因為科學不過是確認問題，把它拆解為可理解的成分，研究再研究，回到工作崗位，艱鉅的逐步循序漸進，直到發現它的成因，以及歸根究柢，它的解答。

根據國家優先專案預算布魯金斯兒童家庭中心（Brookings Center on Children and Families and Budgeting for National Priorities Project）聯合主任羅恩・哈斯金斯（Ron Haskins）的看法，絕大多數的社會服務專案耗資數十億，卻起不了什麼作用。許多專案甚至並未收集資料，判斷它們是否有效。

對「三千萬字計畫」及其他努力改善孩子出路的專案來說，「有效」才是關鍵。這就是為什麼科學是我們專案的核心，既不是意識形態，也不是我們「相信」什麼；因為科學既可以確認問題，又能夠設計和琢磨有效的解決方案。我們的工作不因遭遇問題或需要重新評估而叫停，最終目標是確保所有孩子都有機會發揮潛力，那是我們與夥伴組織努力想達成的目標。

資金當然是一項因素。雖然我們知道，較大孩子及成人身上存在的許多問題，都始於生命最初三年，但要找到足夠的資源，發展經科學審查的療育方案，往往非常困難。

尚克夫及其同事建立了一個動態研發平台「創新開發地（Frontiers of Innovation）」，許多研究者、從業者、決策者、投資者及專家們，在系統中合作設計及測試新的想法，從無效的事物中學習，全體致力於為面對逆境的幼兒尋找出路。在此引述尚克夫的話：「轉化變革需要科學創新方面的創投，也需要慈善機構支持……儘管改善品質及增加最佳實務管道仍至關重要，該領域有一些環節需要支持，包括：從事創意實驗、執行、評估，以及分享何者有效及何者無效的知識。公益創投特別適合支持這塊基本研發面向。」

當改變奏效之後

我和其他許多在此領域工作者的模式，絕對是成長性思維。身為兒童發展研究管理者和小兒外科醫師，與手術室裡所有意想不到的事物並存，面對人生的錯綜複雜，只是讓我再度確認一件事：只有竭盡全力、下定決心，問題才能解決。

參與我們計畫的媽媽，反映出這種心態。

在面對參與三千萬字計畫的媽媽時，我最難以磨滅的記憶是，她們多興奮能參與這項為「協助塑造孩子大腦」而設計的課程。她們知道這是一項研究專案，而我們對於一切如何進行，已有一套強而有力、證據充分的想法，而且行動規畫也確保有效。她們的熱忱卻加強了我們的熱忱。

當我看見參與「三千萬字計畫」需要投注多大的體力與智力，對這些女性的欽佩只有更多。特別是當她們落在社經階層的邊緣，生活顯然如此艱難。閱讀在貧窮中奮鬥的故事是一回事，但在壓力及困境中求生，也只能形容為不可思議的艱難。即使用了「艱難」這個措辭，都不過是輕描淡寫。這加深我由衷對這些母親的尊敬，在這種情況下，她們仍有動機及決心，想讓孩子人生過得更好。

參與我們計畫的媽媽，年齡介於十九至四十一歲，有的有一個小孩，有的有兩、三個或四個小孩。有些是一家人輪流睡一張沙發，有些住在高犯罪區的公寓，使我們猶豫是否要把研究助理送去家訪。

事實上，在家訪期間，這些媽媽和孩子們經歷了一連串暴力、重病及混亂事件；但經歷這一切，她們的決心並沒有動搖。我必須感謝這些女性，事實上，我已為自己從未見過的堅韌而感激不盡。

儘管有些媽媽可能曾對智力及學習抱持定型化思維，而且已用那樣的模式育兒多年，但當她們發現自己能成為孩子學業成就的關鍵因素，並理解孩子對語言、正向強化及穩定性的需求後，便努力讓這些元素成為日常生活的一部分。

兩代模式，改善家長與孩子的處境

然而，發展成長性思維並不意味著一夕成功。與貧窮、收入不均及機會落差相關的巨大障礙，攔阻了家長和孩子。成長性思維模式並非反對「靠自己努力改善境遇」。更確切說，它是意識到每個人都擁有未開發的潛力，而透過正確的課程及資源，能夠讓人成功。

妨礙政府及慈善機構課程全面成功的一項阻力，可能歸因於家庭與工作協會（Families and Work Institutes）會長暨《心態製作中》（*Mind in the Making*）作者艾倫．賈林斯基（Ellen Galinsky）所謂的「雙流（twin streams）」。賈林斯基是研究橫跨早期童年與成人勞動力的先驅，她認為傳統上，家長與孩子的課程呈現二分法。專注於孩子的機構，往往「犧牲」家長的權益；勞動力發展或勞動力福利改革課程則傾向於大人，鮮少考量他們的小孩，往往犧牲孩子的權益。結果往往是其中一方無人看管，得不到協助或支持。

兩代模式改變這個局面。它透過同時建立教育、經濟、健康及安全的基礎，提升穩定性，以改善家長與孩子的生活。它的基礎在於，社會確實以成長性思維的觀點，去看待家長和孩子。

不過，兩代模式在一九八〇及一九九〇年代初次使用時，成效不彰。只消瞥一眼那些結果，就可能輕言放棄。不過進一步的調查研究，提供了可能帶來驚人成就的重要線索，包括開設工作訓練課程，而不只是就業安置，同時提供課程，幫助家長兼顧培育小孩與養家餬口的雙重角色。

兩代模式是由史蒂文・道所領軍的塔爾薩社區行動專案的一環。它的生涯發展課程，是美國最初開設的兩代課程之一，提供家長高品質的醫療工作生涯訓練，包括：醫務助理、藥技士、牙醫助理、物理治療助理及護士，豐富塔爾薩早期啟蒙中心（Early Head Start Centers）與啟蒙中心（Head Start Centers）的強大系統。家長的教育訓練是與塔爾薩社區大學（Tulsa Community College）及塔爾薩科技中心（Tulsa Technology Center）合作進行。

在協調規劃下，生涯發展課程中心讓學員的孩子進入早期啟蒙中心，同時提供參加該課程的家長相關輔導資源。雖然塔爾薩社區行動團隊的工作令人讚賞，他們仍堅持使用科學調查，確定何者有效與何者無效。但就和每項社會專案一樣，並非所有的問題都已找到答案。不過有一件事似乎是確定的，就是這項課程對孩子及家長來說，都很重要、正面，而且具建設性。

三千萬字計畫的兩代模式經驗

許多參與「三千萬字計畫」的媽媽告訴我們，她們多希望在完成計畫後，可以繼續接受教育。也許是看見自己協助孩子茁壯成長的驚人力量，再度喚醒了她們的夢想，也或許是改變了對自己潛能的定型化思維。這真是鼓舞人心。

7

傳播訊息

下一步

你也許永遠無法預知你的行動會帶來什麼樣的結果，
但你若什麼都不做，就不會有任何結果。

——聖雄甘地

如果一個國家夠關心某些事，便會明智投資在孩子身上。而「某些事」是指穩定性、生產力，以及有智慧、有建設性的解決問題。

每個人、每個國家，都有各自的問題。人與人、國與國之間的差異，不在於他們是否有問題，而在於他們如何解決那些問題。一個國家若有大量孩童無法將他們的潛力發揮到極致，這個國家也無法將它的潛力發揮到極致。

並不是每個人都必須有同樣的看法，但最終結論應建立在堅實的理性思考上，不是感覺，而是思考。為此，你的大腦需要在早期童年獲得良好培育，然後接受扎實、優質、易於取得的教育。

我們如何讓突破發生？

最早的語言環境是孩子最終學習軌跡的關鍵要素。在美國，學業成功者與表現不佳或退學者之間的成就落差極大。事實上，用「大」來形容這巨大的間隔，是非常輕描淡寫的措辭。

儘管科學已向我們顯示了導致成就落差的根本原因，仍必須做些其他事，以確保有效解決方案能被落實與執行。因此，所有家長（事實上是這個國家的所有成人）都必須開始去理解這個問題，以及必要的解決方案。如此一來，它們才能成為我們全國對話與國家結構的一部分。

阿圖．葛文德（Atul Gawande）刊載於《紐約客》（*New Yorker*）別具見地的文章〈遲鈍思維〉（*Slow Ideas*）中，探討創新思維獲得人們採納的方式。是什麼促使一項想法傳播開來？是什麼促使人們接受或拒絕一項完善規劃的觀念？是什麼促使我們想要參與推動那項觀念？

十九世紀發現兩項醫學重要進展：麻醉與消毒。前者避免病人在手術中劇烈疼痛與失控扭動；後者避免看不見的細菌感染手術傷口，當時術後感染非常普遍，以至於外科醫生相信，傷口滲血是復原過程的一部分。兩項發現都是那時外科手術與醫學界的空前進展，但只有一項獲得採納：麻醉。因為在手術前簡單洗個手，或在不同病例之間換件手術衣，看起來只是浪費時間。

外科醫師芬尼（J.M.T. Finney）回憶，十九世紀後期他在麻省總醫院（Massachusetts General Hospital）受訓時，洗手仍然極為罕見。當外科醫生把器械浸泡在石炭酸裡，穿著因前次手術沾染血液及內臟而變得僵硬的黑色罩袍，「象徵忙碌於診療的徽章」，繼續接下來的手術。為什麼？導致麻醉與消毒這兩項觀念接受度不同的原因是什麼？如葛文德所述，是「能見度」與「即時性」。

「一個是對付看得見的即時問題（痛苦）；另一個……是看不見的問題（細菌），影響直到手術完全結束後才會顯現。」葛文德認為，這是「許多想法雖然重要，但陷入僵局的模式。」

這跟孩子有何關聯？

從幼兒園至十二年級的學生成就落差，任何看見統計數字的人都明白易懂。這情況不可能被隱藏，也不可能以為眼不見為淨，就能擺脫它們對孩子成年後的影響。

而另一方面，出生至三歲是相對看不見的階段。其實成就落差在九個月大時就已經出現，但只有在統計分析的顯微鏡下才清晰可見。在缺乏協同觀察的情況下，我們可能確實會相信，那些在較大孩子身上看見的問題，是從觀察到的那一刻才開始。因此，傳統上只有當問題變得顯而易見之後，人們才會採取行動。哈特與萊斯利的先見之明，以及追隨他們腳步的敏銳研究者向我們表明，學齡兒童存在的問題，只不過是浮現更早以前的問題。

然而，知道問題是何時開始，並不等於知道該怎麼辦；想規劃適當的解決方案，首先需要找出問題發生的原因。哈特與萊斯利即使推論出「早期語言環境是在校表現不佳的催化因素」，也必須以充分的統計數據支持這個想法。

但正如我們所看到的，即使發現問題成因，也不一定能落實必要的解決方案來阻止問題發生。醫生了解感染與敗血症之間的關係，並不表示洗手或換衣服會立即被列入手術的標準程序。這需要時間，即使醫生了解科學，也是如此。然而，一旦侵入性細菌成為日後造成致命感染的罪魁禍首，成為手術思考結構的一部分，手術流程便會改變。外科醫師開始在進手術室前徹底清洗，穿戴無菌手套與無菌「工作服」，參與手術的每個人都開始這麼做。結果無可爭辯且立竿見影，改善的成果超乎預期。但這需要時間，而且無疑需要付出生命的代價。

早期語言環境對小小孩的大腦發展至關重要。為了確保所有孩子達到最佳大腦發展狀態，有效且規劃完善的資源必須在需要時一應俱全。不過在這以前，普遍接受早期語言環境的重要性，必須在一定的人口標準上達成共識。如果無法達到，就如同葛文德所描述的「遲鈍思維」，這種想法不會快速形成有效的解決方案。

美國最大的未開發資源：兒童

美國資源豐富，包括原油、汽油、煤、銅、鉛、鉬、磷酸鹽、稀土元素、鈾、鋁礬土、金、鐵、汞、鎳、鉀鹼、銀、鎢、鋅、石油、天然氣與木材。它擁有全世界最大的煤藏，占全球總量二八％，是世界上最大的國家經濟體之一。

然而，美國還有個最大的資源需要關注：它的孩子。為有效參與逐漸全球化的世界，美國仰賴它的公民如何審慎思考、徹底分析問題、建設性的解決問題。今天這個國家仰賴我們，明天會有一群新公民取代我們的位置，試圖讓這個民主國家具有生產力、理性與穩定。我們面臨選擇：是要透過努力確保孩子達到最佳發展狀態，塑造出最優質的未來公民，或者不這麼做。

美國第二大資源：親子對話

親子對話，即早期語言環境中話語的質與量，是美國及世上多數國家，特別強而有力但未充分運用的天然資源。

哥倫比亞大學國家貧窮兒童中心（National Center for Children in Poverty）的研究顯示，二〇一三年，約有三千兩百萬名美國兒童生長在低收入家庭，其中一千六百萬名生活在貧窮門檻以下。雖然凡事總有例外，但這些兒童通常不太可能繼續接受教育，在學術及終身成就上的預測結果也不佳，而他們出生時的智力潛能，遠超過他們或我們可能意識到的。研究證實，他們當中絕大多數的父母，都希望孩子能完成教育，但因為貧窮帶來個人及社會兩方面難以計數的壓力，加上缺乏適當資源，往往攔阻夢想實現。

情況不應如此。雖然並非所有答案均已到齊，但此刻，我們在美國擁有需要的資源，可以開始改善孩子的成果，以及國家未來的局面。事實上，一旦我們透過仔細規劃與監控的課程開始行動，最後的答案將逐漸明朗。這項課程需要適當的投資，而這是明智的投資。儘管關於課程的精確價值，可能會引起理性辯論，但諾貝爾獎得主赫克曼發現，為弱勢兒童投資在優質早期兒童教育的每一元，透過促進學業成就、健康行為及成年生產力，將帶來七％至一〇％的年度經濟收益。

但這本書不過是紙上談兵，並未普遍參與。儘管我們理解問題便已經是踏出了第一步，但長期解決方案仍需要每個人的關注。唯有我們一齊努力，才能確保完善規劃且經科學琢磨的課程得以落實，協助提高所有孩子的成果。

這裡的「我們」是誰？我們是了解這項問題的個人，是主動支持這項重要目標的守護者；我們是為家庭及孩子提供語言課程計畫，視需要修正草案以確保成功的組織；我們是為想要及需要的家庭提供支持系統，大大小小的公私立合作夥伴；我們是提供資訊，讓所有家長理解「孩子生命最初三年語言環境重要性」的團體。

最重要的是，我們這些人不僅相信這件事，而且倚靠科學定義問題與協助規劃有效的解決方案。如果我們有熱忱，那是為了確保每個孩子都有機會，將自己的潛力發揮到極致。當課程未盡完美時，我們不氣餒；那只會是推動我們的助力，改善課程臻至最佳成果。我們的最終目標，是讓孩子的生活獲得改善。

我們如何讓親子對話的力量獲得大眾理解？儘管我在二〇〇七年展開專案時，便開始思考這問題，但直到二〇一三年秋天，我的想法才邁出快速前進的一步。

二〇一三年，白宮科學與技術政策辦公室邀請我們團隊，協助籌劃「消弭三千萬字落差」研討會。這個研討會和美國衛生及公共服務部、白宮科學與技術政策辦公室、白宮社會創新與公民參與辦公室、美國教育部合作進行。目的是集合來自全國各地的研究者、從業者、資助者、政策制定者與思想領袖，討論照顧者介入，以及其他為協助解決美國成就落差問題而規劃的方案。

這次研討會部分是出於因《推力》（*Nudge*）這本書而產生的興趣，該書是由理查．塞勒（Richard Thaler）與凱斯．桑思坦（Cass Sunstein）合著。這是出自行為經濟學界的「輕推理論（Nudge Theory）」，指出微小的調整或社會的「輕推」，可以鼓勵正向的群體行為。他們表示，輕推理論可以應用在每件事上，例如：孕期吸菸、閣樓隔熱、捐助慈善機構等。塞勒刊載於紐約時報的文章〈公共政策，為適合人民而制定〉（*Public Policies, Made to Fit People*）中，敘述運用「輕推行為」做為縮減三千萬字落差的方式。文中特別強調我們的全市家訪計畫「普羅維登斯市親子對話（Providence Talks）」專案，曾獲彭博市長挑戰（Bloomberg Mayors Challenge）大獎。

出乎意料的是，雖然研討會要與政府相關單位推出聯合專案，但在最後一刻，政府自動減支計畫卻刪除了聯邦夥伴的會議。儘管如此，研討會的結果是好的。事實上，會議充滿一種強烈的共同目的感，本書提到的許多傑出社會科學家都在場。這麼多致力投入的研究者、從業者、政策制定者及資助者共聚一堂，主動關注同一項重要議題，即如何消弭語言習得與語言接觸的差異（或「語言落差」）及其破壞性後果，這實在鼓舞人心。

輕推理論其實相當有趣。塞勒與桑思坦的觀念，鼓勵微小的輕推能影響家長的語言行為，初步解決這項問題。我想，要讓改變的人口自行維持在一個標準，可能需要其他更動態的推力。察覺這件事，使我踏上定義三千萬字計畫最終目標的路，包括達到一個人口標準的轉變，可能會是什麼樣子。

我從未將三千萬字計畫家訪專案最初的反覆運作，視為專案的最後目標。然而，為了讓親子對話的力量嵌入社會結構，我開始意識到，它的重要性必須成為全國對話的一部分，包括：產科診所、產房、醫師辦公室、幼兒保育課程，以及特別是家長之間口耳相傳。我們在研討會論文〈消弭早期語言落差：擴大規模計畫〉（*Bridging the Early Language Gap: A Plan for Scaling Up*）中傳遞這項願景。

向大眾傳播訊息

若要使大家普遍理解，語言與親子對話的力量是大腦發展的基本營養，它們就必須成為大眾思想不可或缺的一部分，以及幼兒保育文化的一部分。這樣每個家長都會聽見周遭有聲音說：「跟你的寶寶說話，跟你的寶寶好好說話，引導你的寶寶做出反應。」

重要的是必須強調，我們不是在討論改變慣用的說話方式或文化語言學。早期語言介入並不需要人們改變使用的語言，也從不是在貶低語言慣例。更確切的說，它們是把重點放在豐富親子互動以促進入學準備度，包括：雙向互動及敏銳回應的語言，鼓勵家長使用他們最自然的語言、說話模式及故事。可以讓大眾參與的成功介入策略，涵蓋影片、圖畫、歌曲及敘事，橫跨各種文化、道德與種族背景的形形色色人群。

關鍵的公衛指標：早期語言環境

美國關注的公共衛生指標，包括了疫苗接種及早產率。如果孩子的早期語言環境是促進大腦成長的關鍵因素，那麼孩子從出生至三或五歲的早期語言環境，也必須被視為國家的健康指標，並且持續追蹤。運用類似LENA的特殊設計技術，可以做為公衛可行途徑的輔助工具。

目前尚未完成的一項原因是，等孩子較晚進入學校環境後再追蹤，會容易得多。但約有一千兩百萬名五歲以下的孩子就讀某種型態的幼兒園，這些情境適合監控幼兒的語言環境，包括評估長期學習的變項。待在家裡的照顧者，在自願的基礎上，也有機會測量孩子的語言環境。

早期學習社群意識到，測量與促進早期語言環境品質的重要性。但預防基金會品質發展主任安．韓森（Ann Hanson）表示，想讓這件事發生，面臨顯著的挑戰，「目前，我們監控與測量許多早期學習課程品質的重要指標，從教室結構、照顧者資格到師生互動。但真正的機會在於專注最要緊的事。如果科學告訴我們，早期語言環境是發展的基礎，（我們也必須知道）哪種工具及資源將給予教育工作者適當、及時、有用的資料與策略，幫助他們去改善。」

韓森注意到另一項不利因素是，雖然已廣泛對學習環境進行品質評估，包括語言，但實際上它們的影響有限，因為一般來說這每年只進行一次。將早期語言環境設為關鍵公共衛生指標，在設立早期語言課程發展與改善的方針時，可提供及時、有用的資料。這些經過驗證的語言環境標準，也可納入州立早期學習標準，提供保育機構品質評估與改善方針的參數。

華盛頓大學副教授暨兒童保育品質與早期學習研究及專業發展中心主任蓋爾・約瑟夫（Gail Joseph），透過研究兒童保育機構來處理這項議題。雖然研究還在初期，她和同事使用LENA，發現保育人員與兒童之間的語言，在說話數量與來回對話時間兩方面，均與兒童主要成果呈現正相關。她希望確認最佳語言環境的參數，用來評估兒童保育品質。而這些經過驗證的標準，也可以納入州立早期學習標準，做為提供保育機構品質評估與改善方針的參數。

界定幼兒最佳語言環境，也有助於為提供幼兒服務者設計訓練課程。參數可納入兒童發展人員認證標準、幼兒教育初級資格，並整合其他早期學習機構的兒童課程。一項重要成果是，這樣有助於使幼兒園裡數百萬孩童的家長放心，他們的孩子會在豐富的早期語言環境中受到照顧。參數也可以為接受家訪服務的家庭提供方針。重要的是，這是跨越所有社經階層、每個社區、每個人，皆可取得的公衛途徑。

醫療體系的理想與現實

醫療體系滿足幾乎所有孩子的醫療需求，也是教導家長早期語言環境重要性合乎邏輯的平台。理想上這是它會做的事。但理想並不總是稱心如意的符合現實。

根據小兒科醫師、作家暨國家展臂閱讀（Reach Out and Read）計畫醫療主任佩莉．柯萊斯（Perri Klass）博士的看法，初級醫療兒科醫護人員理解，指導家長扮演協助孩子認知發展的角色，這件事至關重要。他們提供建議，「預期性指導（anticipatory guidance）」是他們使用的專有名詞，是指預期孩子在成長發展過程中改變的方式，以及家長如何促進孩子平安健康的成長發展。但這些對話需要時間，在我們按服務收費的醫療界，時間有限也會影響原本的好意。

在許多實務工作及診所裡，兒科醫師處於看診病患數量的壓力之下，對於看起來不需要迫切關注的領域，例如：發展上的「預期性指導」、協助家長理解語言環境對日後發展扮演的角色等，則呈現「除非有時間再做」的狀態。

「我們都有時間壓力，」柯萊斯聲明，「有這麼多項目要檢查，我們都擔心錯過病理或罕見診斷……像是白血病患；但也知道行為發展議題的預期性指導，對許多孩子至關重要。我們必須找到方法，好在有限的時間裡兼顧兩者。」

盼望

第一次正式的「消弭語言落差」會議，是由白宮科學與技術政策辦公室的馬雅．尚卡爾（Maya Shankar）及其同事籌辦，於二〇一四年十月與「小到不能失敗（Too Small to Fail）」及「都市協會（Urban Institute）」合作舉行。有這麼多組織確認對於「拉近語言落差」的承諾，加上政府宣布支持這項關鍵議題，幹勁十足。一項由美國衛生及公共服務部資助的補助金，以歷史正義授予堪薩斯大學杜松園專案，包括曾參加哈特與萊斯利小學三年級追蹤研究的教授黛爾．沃克（Dale Walker）。她與研究夥伴茱蒂絲．卡爾塔

（Judith Carta）及查理・格林伍德（Charlie Greenwood），承襲哈特與萊斯利在科學上的貢獻，在他們的社區持續這項關鍵研究。目前致力於解決兒童學業成就不佳問題的專案，正在進行驚人的工作。下列是主要例子，附錄將詳加介紹它們及其他機構：

- Educare（教育工作中心）
- Mind in the Making（心態製作中心）
- Providence Talks（普羅維登斯市親子對話）
- Reach Out and Read（展臂閱讀）
- Talk With Me Baby（寶寶跟我說話）
- Too Small to Fail（小到不能失敗）
- Vroom（高速引擎）

諸如此類的專案焦點在於，使家長能扮演讓孩子達到最佳發展狀態的核心角色。它們為更廣泛、取得聯邦支持、可列入國家議程的專案，奠定了良好根基，有助於確保所有孩子做好入學準備，並取得長期的學業及個人成就。

「三千萬字計畫」的目標

三千萬字計畫的最終目標，是使大眾普遍理解，我們必須改善兒童的早期語言環境，讓全國推動、支持促使這件事發生的專案。儘管我們有熱忱與決心，想確保每個孩子都有機會發揮潛力，但指導我們的是理性科學。

三千萬字計畫的研究，適合發展以實證為基礎的課程，可融入現有環境，包括：嬰兒室、兒科醫師辦公室、家訪課程、幼兒園課程，以及社區組織。

雖然三千萬字計畫的設計適於不同特定場合的需求，但基本原則是一樣的：孩子不是生來聰明，而是透過家長及照顧者與他們對話，因此變得聰明。三T原則的「全心全意」、「多說有益」及「雙向互動」，依舊是豐富孩子早期語言環境的核心模式。

一項重要的助力，是用淺顯白話建立家長語言的重要性，如此一來，當小兒科醫師、產科護士或幼教老師談到運用三T原則時，家長立刻就能了解。專業人士（如：幼教及保育工作者）可透過訓練課程或網路接受三T原則教學，幫助他們理解到，自己對照顧的小孩所說的話至關重要。醫療及教育專業人士、幼教工作者與家長之間的互動，有助於建立一個彼此密切交流的社群，最後成為孩子智力成長的文化基礎。

科技也可以在許多方面提供協助，正如往常一樣，做為廣大群眾理解課程的激勵力量。我們課程的電腦平台還有其他優勢，像是可協助測量各種策略帶來影響的內建科技，這麼一來，技能可以接受評估，並在必要時加以訓練。雖然這是以匿名方式進行，但有助於使課程臻至完美。展望一個數據驅動化的三千萬字計畫，透過互動式網頁設計與各式各樣的可汗學院[10]資源，為嬰幼兒家長提供免費、易於取得、以實證為基礎的早期語言課程。

持續改變何時會發生？

即使全世界所有小兒科醫師、醫療工作者及教師，都知道孩子生命最初三年的語言重要性，但如果家長不知道，那就毫無意義。孩子的早期語言環境仰賴家長或主要照顧者，若沒有他們，必要的成長就不會發生。當我開始「三千萬字計畫」時，我會看著嬰兒的腦袋，想像就在那一刻，大腦正在發展的神經元迅速迸發。現在我看著關心孩子的大人，總會想著：「你比自己想像的還有力量，而我多盼望你知道。」

當我們為三千萬字計畫家訪課程所做的第一次先導研究結束時，我們把媽媽們聚集在一起，聆聽她們對何者有效、何者無效、何者可透過不同方式進行的回饋意見。這些家長主動參與三千萬字計畫的發展，而他們的投入，對於塑造我們下一次的家庭研究互動，極其必要。

我們取得豐富的資訊。由於家訪是逐戶進行，這些女性過去素未謀面，卻像來自同一個委員會，彼此親密的程度，彷彿認識了大半輩子。她們顯然意識到自己對研究的重要性，尤其是必須誠實評估，才能確保課程有效進行。當她們彼此討論事情，來來回回修正決定時，存在一種社會連結。她們提出想法完全是想幫助我們，建立起下一輪三千萬字計畫可遵循的步驟，這是她們認為不可或缺的研究部分。

她們討論時會描述自己已經學到的觀念，以及如何把那些知識融入育兒生活，例如：當她們累到幾乎沒有力氣說話時，仍然跟孩子對話。即使是早期在LENA獲分較低的媽媽，說起話來也像是經驗豐富而成功的課程老手。正向社會增強促成的結果令人驚嘆，這些對話鼓舞了她們與我們。媽媽們提供加強課程需要的明確回饋，而且並未就此打住，還

10 編按

Khan Academy，由薩爾曼·可汗（Salman Khan）在二〇〇六年創立的一所非營利教育機構，透過網路提供一系列免費教材，被視為是翻轉課堂最佳的推手。

告訴我們該如何宣傳，甚至更感人的是，她們告訴我們為何宣傳。為了表示這些女性是何等具有先見之明，我要說，這是在推動「拉近語言落差」幾年以前發生的。她們無疑領先時代，成為這項運動創新而不可或缺的一份子，更意識到這項需求。

但我察覺到一些事。那就是儘管媽媽們討論透過大型廣告及婦嬰幼兒（WIC）[11]辦公室宣傳「三千萬字計畫」，但她們自己其實是傳播訊息最有力的途徑。而我的觀察是對的，後來我們發現，這些媽媽不僅跟同事、教友分享三千萬字計畫的資訊，有些人甚至還將三T概念教給育有幼兒的兄弟姊妹，讓他們也能加以運用。

諾西爾・康特拉特（Noshir Contractor）與雷斯利・迪徹屈（Leslie DeChurch）在他們的文章〈整合社會網絡與人類社會動機，達到大規模的社會影響〉（*Integrating Social Networks and Human Social Motives to Achieve Social Influence at Scale*）中，描述將「科學發現轉為大眾福祉」的必要條件。他們的研究目標是發展一個架構，讓以科學為基礎的重要理念在社區深入人心。他們寫道，為了讓那些在科學裡根深柢固的創新概念，能傳播到被人們普遍接受，他們必須「讓少數科學家接受的事實，變成多數人腦海中的普遍信念及規範。」康特拉特與迪徹屈也追蹤「意見領袖」對一個社群的行為態度、加速行為改變，以及接受創新想法所帶來的影響。意見領袖的定義是，某些人或團體，「他們的同意……在社群裡播下大量傾瀉、改變態度並建立新規範的種子」。換句話說，就是那些使葛文德所說的「遲鈍思維」轉為「敏捷」的人。

因此，這些媽媽們對「傳播訊息」的重要性，再怎麼高估也不為過。

傳播訊息

傳播訊息也是「三千萬字計畫」的構成要素。它將每位家長視為重要的意見領袖，是在接受有事實根據的創新概念時，幫助人改變態度的關鍵，也是解決方案不可或缺的一份子。儘管傳播訊息已成為我們專案中更刻意發展的環節，但在計畫還處於初步階段時，是詹姆士使我了解到，一個人可以發揮多大的效果。

---

11 編按　WIC，即Women, Infants and Children（婦女、嬰兒和孩童）的縮寫，是美國一項全國性的婦幼營養補助計畫，補助的對象是懷孕婦女、嬰兒與五歲以下的兒童。

詹姆士的故事

「為什麼我要告訴朋友？」詹姆士說，「我告訴他們，是因為我希望他們的孩子跟我的孩子擁有相同優勢。我不希望馬庫斯是唯一知道這些事，或是有較多優勢的孩子。」

這是詹姆士在參與三千萬計畫結束時，對團隊說的話，當時他討論到如何傳播三千萬字計畫的資訊給其他人。這或許是我聽過最無私、最有社會意識的話。不，詹姆士並不希望他兒子「比其他人更好」；不，他不希望兒子擁有的比其他人多；他希望每個人的孩子，都能擁有他希望自己孩子所擁有的。

身材高大、年紀二十出頭的詹姆士，擁有一張高中文憑、一股對音樂的熱愛、一份在沃爾瑪（Walmart）補貨的工作，以及一項堅守的嶄新知識，是關於如何讓他的獨生子盡可能發展大腦。

詹姆士不滿足於偶爾「傳播訊息」，他定期透過 Skype 跟亞特蘭大和印第安納波利斯的朋友分享，跟兒子的幼教老師談論，甚至邀請弟弟參加課程。如果傳播訊息一開始是「三千萬字計畫」的一部分，那麼它現在已是詹姆士本身的一部分。儘管他未必逐字傳播三千萬字計畫的訊息，但總是清楚明瞭，而且富有建設性。

我是在我的耳鼻喉科門診，遇見詹姆士和他的兒子馬庫斯，他們因馬庫斯的耳部感染及慢性呼吸問題定期回診。

父子之愛無庸置疑；當我們初次見面時，馬庫斯大約十三個月大，非常、非常黏爸爸。這很少見，但我確實記得第一次見到他們的情景。這不僅僅是因為無論病人的社經階層如何，通常是媽媽帶著孩子來看病，也不是因為小馬庫斯總是穿得整整齊齊，甚至在還不會自己走路以前，就穿著跟爸爸相似的小型 Nike。這是詹姆士十足熱愛馬庫斯的方式；他身為孩子父親的驕傲，完全表露無遺。

「他總是微笑、玩耍、大笑。他經常大叫；他喜歡成為核心人物。他是我的生命。他使我每天一醒來就微笑，」詹姆士說，「我從不知道他什麼時候會真正說出第一個字，或者他會不會一起床，就去做數學習題或某些事。真是太奇妙了。」

他深深吸了一口氣。

「坦白說，我當時沒有準備好要當爸爸，但孩子一來到世上，我整個人生都改變了，而我必須立刻長大。從二月十二日那天起，我做了幾乎每件可以做的事，好讓他比我的童年過得更好，我給他的啟蒙和優勢，是我小時候所沒有的。」

很少有家庭是從我的臨床診療走進「三千萬字計畫」。但詹姆士有一些東西——他跟馬庫斯之間的關係與他的人生哲學，使我在某次看診時問他，是否想要學習更多幫助馬庫斯發展大腦的事。後來我問他為何會接受我的提議，他說：「我猜是因為，那會幫助我、裝備我，並且造就他。」完美的答案。

即使詹姆士必須在沃爾瑪工作輪班時，機動的進行三千萬字計畫，他還是設法完成了。而且詹姆士像海綿一樣吸收計畫的重要觀念。

「三千萬字計畫教我跟兒子馬庫斯『全心全意』。只要他在地板上玩，我就應該關掉所有電子裝置、我的手機、電腦、電視，好好坐下來，與他『全心全意』。如果他在彈玩具鋼琴，我會教他降B大調、升C大調，還有……各種不同的琴鍵；當他在打鼓時，我會坐下來陪他一起打鼓。『全心全意』大致上教我如何進入孩子的世界，幫助我更了解他，同時從中學習。超酷的是，我可以塑造寶寶的大腦。如果他牙牙學語，有時是真的在說某些事，或是重複我讀給他的內容，又或者在我們一起彈鋼琴時，他表現得非常專注，或看著某樣我在描述的東西，去摸摸它，然後回頭看我，表情好像是說：『這就是你在說的東西嗎？』那真是……哎……太奇妙了！」

其實，詹姆士所說的事情，沒有一件讓我感到驚訝，因為我知道他這個人。但真正讓我覺得驚訝的是，這個酷斃了的小伙子，是如何幾乎從一開始，就主動而刻意的到處向其他人傳播訊息。

亞倫是詹姆士第一個邀來的人。

「我告訴弟弟亞倫『三千萬字計畫』。記得我第一次告訴他，我跟馬庫斯在家時，會關掉每樣電子設備，包括手機，我可以確定，他不是真的相信我。然後我示範給他看，坐在地板上『全心全意』，就是我跟馬庫斯平常進行的方式，亞倫的臉完全變了。對於我和馬庫斯正在做的『全心全意』，亞倫幾乎就像是百聞不如一見，被這做法吸引住了。從那時開始，亞倫就跟我一起參加三千萬字計畫。現在，他把學到的東西用在他兒子身上。」

「我有很多朋友家裡有小小孩，我把自己在三千萬字計畫學到的東西跟他們分享……包括『全心全意』、『雙向互動』和『多說有益』的所有概念。我把所學教給他們，現在他們也把那些東西用在自己的孩子身上，例如：討論形狀、做數學及其他事情。我和喬治亞州的朋友莫拉會透過 Skype 聊天，教她三T原則，你知道的，就是『多說有益』、『雙向互動』和『全心全意』，現在她把它們用在自己的小兒子身上。珍妮是我在印第安納波利斯的朋友，同樣是用 Skype 聯絡，也教她相同的東西；她把它們用在女兒身上，而且真的用大量話語向女兒描述事情。事實上，他們一知道有這個課程，都渴望知道更多，他們也許還遺憾無法擁有同樣的資源。所以這是我能做的。每當我一學到什麼東西，就上 Skype 教他們。」

詹姆士不僅傳播訊息給朋友。

「我也告訴馬庫斯的幼教老師三千萬字計畫。她知道一些，但不知道『全心全意』，也不知道看電視其實並不能透過孩子緊盯畫面教他們語言。當我學到新東西時，總會跟她分享，她就會開始在幼兒園運用，例如：在孩子小睡前或吃東西時讀書給他們聽。她帶他們去戶外散步時，如果有小孩撿起一片葉子或什麼東西，她會描述葉子，談論葉子是從哪裡來，以及讓孩子感興趣的不同事物。」

「我想，傳播三千萬字計畫及親子對話力量的訊息，相當重要。因為當我告訴一個朋友，那個朋友會去告訴另外一個朋友，而那個朋友又會告訴一群人，有點像是骨牌效應。那麼很快的，我們就會擁有一個到處都是聰明寶寶東奔西跑的世界。」

詹姆士對兒子的愛始終如一，但當他進入課程後，對養育馬庫斯的信心增長，同時對育兒擁有一種自主與自信的感覺。我想，那是一種會感染他人的信心。

詹姆士的例子說明了，若家長理解自己對孩子的未來擁有力量，將會產生什麼樣的結果。他也做了示範讓我們知道，當可能想要及需要的家長取得資源後，會產生什麼樣的結果。詹姆士不僅是一位好家長，也展現出我們目標的重要性，其中包括「使家長成為解決方案不可或缺的一份子」。

最重要的訊息

美國擁有驚人的資源，但也有嚴重的問題，是帶有人道與務實意義的問題。太多孩子面對著無法發揮潛力的未來，這影響他們，影響這個國家，也影響他們將要生存的世界。

我們知道問題；我們知道解決方案；我們知道應當開始做什麼。

幾乎所有的美國父母，都可以給予孩子所需要的語言環境，進而塑造孩子的大腦以發揮出最佳潛力。

每個美國孩子，都應該擁有需要的語言環境，進而塑造他的大腦，可以因此發揮出最佳潛力。

如果每個地方的所有家長都能理解，他們對小小孩所說的隻字片語，不單單是一個字詞，更是塑造孩子大腦的基石，從而培育出穩定、有同理心、有智慧的大人，並擁有實現這個夢想的資源，這會是多麼不一樣的世界。

一個國家希望發揮潛力，必須確保人民能夠發揮潛力。提供孩子、家長及社區資源，包括：穩定而安全的住宅、就業機會、足夠的醫療資源，當然還有規劃完善的幼兒課程……這些都是通往目標的重要元素。

為了我們的孩子；為了我們的國家；為了我們的世界，我們必須實現夢想。

我們可以一起實現夢想。

離開岸邊

浪潮捲起六英尺高，隱沒在密西根湖的水平線。我們家三個孩子在沙灘玩耍，我先生、他們的父親永嘉在看顧著。當他站在岸邊，忽然注意到，湍急而混沌的遠處，有兩個小男孩正在洶湧的湖水中掙扎。他隨即起身躍進湖中，我們的小女兒呼喊：「爸爸，不要走！」

這是她對父親說的最後一句話。兩個男孩活著回來，而我那在助人時永遠無懼的先生，走了，淹沒在猛烈衝擊的浪潮與緊抓不放的暗潮中。他是我最好的朋友、我最強大的支持、我的摯愛。

對永嘉來說，站在岸上看著兩個孩子垂死掙扎，無須爭辯，無須遲疑。他是小兒外科醫師，是該領域的領袖，他對病人的奉獻無庸置疑。「一個孩子需要幫助；那個孩子就獲得了幫助。」這不僅是一句格言，更是他的生活方式。當兩個孩子在掙扎時，他從不會考慮站在岸邊，即使他知道採取行動將付出生命的代價。

在我們的國家中，有太多孩子在不利成就的情況下掙扎，太多孩子打從出娘胎起，就不知道他們應當用白紙黑字要求什麼，以確保自己的人生發揮潛力。他們在苦苦掙扎，我們不能佇立岸邊。

後來，永嘉被稱許為英雄，而那是我們所有人都必須成為的。

獻給

劉永嘉　醫生

一九六二至二〇一二

學前教育組織及資源

帶來盼望的現況

目前全國各地有許多協助解決兒童成就問題的特別組織，正在活躍進行或發展中。

——小到不能失敗（Too Small To Fail）

「小到不能失敗」倡導的「說話就是教學（Talking Is Teaching）」運動，以「說話、閱讀、歌唱」為口號。它是非營利組織「下一代（Next Generation）」與柯林頓基金會（Clinton Foundation）的合資企業，合作夥伴包括主要的電視製作公司，如：環球電視網（Univision）、Text4baby、芝麻街工作室（Sesame Workshop）、美國兒科學會，以及其他單位。「小到不能失敗」與 Text4baby 及芝麻街工作室合作推出發簡訊給家長的專案，向新手父母發送以研究為基礎的資訊，強調對新生寶寶說話、閱讀及歌唱的重要性。據估計，該服務已接觸美國八十二萬名家長。透過創意運用電視管道，他們的訊息已融入廣受歡迎的系列節目《勁爆女子監獄》（*Orange Is the New Black*）及《芝麻街》（*Sesame Street*），提供家長以科學為基礎的說話技巧。

——**寶寶跟我說話**（Talk With Me Baby）

「寶寶跟我說話」是遍及喬治亞州的公共衛生及教育組織，目的是將家長及照顧者轉為寶寶的「會話夥伴」，以培養高階學習所需的關鍵大腦發展。「寶寶跟我說話」結合「語言營養」訓練課程，做為兒童保育專業人員的重要技能，包括已與家長和嬰兒共事的護士，以及婦嬰幼兒特殊營養補充計畫的營養師。

這項創新努力促成各單位之間展開合作，包括已承認語言習得為公衛議題的喬治亞州公共衛生局、喬治亞州教育局、亞特蘭大語言學校（Atlanta Speech School）、埃默里大學（Emory University）護理學院及小兒部、亞特蘭大兒童醫療馬庫斯自閉症中心（Marcus Autism Center），以及喬治亞州分級閱讀運動「讓喬治亞閱讀（Get Georgia Reading）」。

——展臂閱讀（Reach Out And Read）

國家展臂閱讀專案是於一九八九年創辦的非營利組織，訓練與支持醫療提供者，包括：小兒科醫師、家庭醫師及護士，勸告家長朗讀給孩子聽，定期檢視成果，並提供家庭適齡童書。展臂閱讀專案結合遍布五十州的五千間診所、健康中心與臨床診療，每年分發六百五十萬本書給超過四百萬名孩子。他們的資料展現對兒童成果的顯著影響；參與他們專案的孩子在字彙測驗的成績，領先學齡前未參加展臂閱讀專案的孩子三至六個月。

——教育工作中心（Educare）

教育工作中心是由預防基金會創立，目的是提供學前教育的課程、場地、合作夥伴與平台。針對有學業失敗之虞的孩子，從出生至五歲，提供整年的全日指導。成果相當正面。根據已制定的全國平均水平顯示，參加教育工作中心兩年以上的孩子，表現出跟其他剛進幼兒園的孩子一樣的程度。

教育工作中心的基礎是科學。它在教學實務執行與評估進展方式兩方面，極度仰賴證據充分的研究資料。它的課程包括訓練有素的學前教育工作者，目標是幫助家長營造健康的親子關係，做為使孩子得到最佳發展的必要條件。家長從產前開始參加教育工作中心，一直持續到孩子生命的最初五年。密集課程包括加強孩子學習及社交發展的策略。當孩子進入學校後，教育工作中心會透過社工員及早期療育專家持續參與，協助家長取得成功所需的社區在地資源。教育工作中心表示，他們的家長較可能參與學校活動，並與老師討論孩子的學習狀況。

——**心態製作中**（Mind In the Making）

「心態製作中」是由家庭與工作協會會長艾倫．賈林斯基領導，與一般大眾、家庭及專業人士分享兒童學習的科學，有效協助家長理解「自我調整做為執行功能的重要性」。它是根據賈林斯基所謂「每個孩子必備的七項基本生活技巧」，包括：自我控制、洞察力、溝通、建立連結、批判性思考、接受挑戰，以及自我導向的投入學習。它使大人擁有幫助孩子發展執行功能與認知技能的策略及技巧。專案包括「七項基本技巧學習模組

（Seven Essential Skills Learning Modules）」，已在各州十五個社區施行；收錄兒童發展研究重要實驗的四十二支影片光碟組合；「學習處方（Prescriptions for Learning）」是為家庭及專業人士提供可下載的資訊，將日常行為挑戰轉為促進生活技巧（包括執行功能）的機會；並與擁有超過一百本童書的圖書館「第一本書（First Book）」合作，附帶促進生活技巧的資訊。

——高速引擎（Vroom）

由貝佐斯家庭基金會（Bezos Family Foundation）贊助創立的「高速引擎」，創辦前提是「每個家長都擁有成為大腦開發者的必要條件」。教材包括：提供社區組織與機構工具，揭開大腦發展科學的神祕面紗；在消費品一般購買包裝上列入塑造大腦的提示；免費的行動App。

下載App的家長會被要求提供孩子的年齡，讓App能夠針對孩子的需求提供具體建議。提供的資訊包括了「每日高速引擎（Daily Vroom）」，設計目的是讓日常活動（如：洗澡或用餐時間）成為強化大腦發展與執行功能的時機。最重要的是，「高速引擎」活動可以促進親子間的正面互動。

——普羅維登斯市親子對話（Providence Talks）

「普羅維登斯市親子對話」是家訪早期療育課程，運用LENA技術及兩週一次的訓練，幫助家長豐富孩子的早期語言環境。該專案曾獲二〇一二年彭博慈善市長挑戰大獎。「普羅維登斯市親子對話」與布朗大學合作評估這項全市課程帶來的影響。

——波士頓基本原則運動（Boston Basics Campaign）

波士頓基本原則運動是一項麻州專案，由黑人慈善基金（Black Philanthropy Fund）聯合市長教育內閣與哈佛大學的成就落差計畫（Achievement Gap Initiative）召開。該運動的籌畫，是以取自成就落差計畫的研究文獻，關於幼兒教養與照顧的五項主張（波士頓基本原則）為中心，獲得國家諮詢委員會的領導研究專家支持，以及波士頓早期學習社群的投入。持續增長的合作機構聯盟包括：波士頓WGBH公共廣播公司、達德利街坊鄰居計畫（Dudley Street Neighborhood Initiative），以及一群早期教育與教養服務提供者，促使波士頓基本原則成為波士頓幼兒保育的核心。

謝辭

《父母的語言》反映出令人難以置信、永不停歇、追求完美的團隊。我們從初萌芽的微小念頭，認為能夠以某種方式幫助危機中的孩子成功，發展為多層面、精心打造的研究專案。本書是反映他們的工作與他們的奉獻。克莉絲汀．拉菲爾與本書共同作者之一貝絲．蘇斯金，幾乎從「三千萬字計畫」啟動便參與其中。他們的人道、創意、聰慧與忠誠支持，實在無價。隨著三千萬字計畫的成長，我們的家庭也成長了，每位成員擁有不同的專業知識，但都具備同樣的創意與智力，驅動這計畫邁向卓越：艾琳．葛拉夫、艾希莉．特爾門、亞拉．富恩梅約爾、塔拉．羅賓森、艾莉森．韓德馬克、瑞秋．烏門斯、莎拉．凡．德森．菲利浦、莉薇雅．葛洛菲羅、艾莉莎．安尼肯，以及馬卡蓮娜．加爾維斯。我們三千萬字計畫的大家庭包括：馬克・赫南德斯、凱倫・斯卡立茲基、莎莉・塔南鮑姆、蜜雪兒・哈夫李克、莉蒂亞・波隆斯基、瑪麗・艾倫・內文斯、夏倫・薩波李奇、黛比・霍斯、萊拉・雷普林格、安德莉雅・羅爾芬、漢娜・布魯姆，以及凱倫・佩寇。還有不可思議的大學部及碩士班研究助理，維持實驗室的熱鬧忙碌。我感激你們每一位，你們讓我看起來很好！

三千萬字計畫的資助者是真實夥伴與親密戰友。赫墨拉基金會（Hemera Foundation）從一開始便相信三千萬字計畫，並支持我們的願景。謝謝妳，凱若琳・普弗爾，把意想不到的正念帶到最前線，還有當然，謝謝妳的「全心全意」。謝謝你，羅伯・寇弗德，永遠是強大支持與真實夥伴。謝謝你，瑞克・懷特，成為堅實基礎，總是確保我絕不會過度嚴肅看待自己。謝謝妳，麗貝卡・懷特，為妳無與倫比的樂觀，以及傑・休斯，謝謝你，謝謝你閱讀哈特與萊斯利！事實上，只說「謝謝」，並不足以表達我的感激之情。你們讓三千萬字計畫扎根，若沒有你們，我們不會走到今天的位置。

也謝謝你們，PNC卓越成長（PNC Grow Up Great）基金會、家樂氏（W.K. Kellogg）基金會、羅伯特・麥考密克（Robert R. McCormick）基金會，以及海曼・米爾格隆支持機構（Hyman Milgrom Supporting Organization）。你們確保了這項創新科學

得以延續。

芝加哥大學、芝加哥大學醫院與轉譯醫學協會（Institute for Translational Medicine）是我的家。我感謝每個人與每個部門，對一名想法這麼瘋狂的外科醫師，給予如此堅實而熱情的支持。謝謝你，傑夫．馬修，投注開啟一切的創業基金。

這是一段令人驚奇的經歷，我身為如假包換的菜鳥，竟能獲得這麼多該領域專家的溫暖支持。他們大可對這個膽敢走出手術室冒險的外科醫師翻白眼，卻成為極佳的嚮導，慷慨分享他們的專業知識與精采分析。也謝謝你們，蘇珊．萊文與蘇珊．戈登－梅鐸，從一開始就給予我指導。

還要謝謝所有在繁忙行程中，願意花時間給我寶貴且具建設性回饋的人：科妮莉亞．格魯門、莉茲．岡德森、克蘭西．布萊爾、卡維塔．卡帕蒂亞、黛比．萊斯利、夏恩．埃文斯、史蒂文．道、安．韓森、東尼．雷登、波西亞．肯尼爾、黛安娜．朗納、梅根．羅伯特、艾芮兒．卡利爾、艾倫．賈林斯基、凱西．赫胥－帕賽克、傑克．尚克夫，以及其他許多人。

謝謝我的經紀人卡廷卡．馬特森相信我們，並確切找到這個點子的完美組合。謝謝史蒂芬．莫羅，看見這個可能性，並且力促可能性成真。

謝謝三千萬字計畫所有令人驚嘆的家長，我從你們身上學到許多。但願這本書可以對你們的力量、愛與奉獻，聊表敬意。我們還有更多工作要做，而我多麼高興能與你們每一位並肩共事。

最重要的是，謝謝支持我的美好家庭，這一路上的每一步，你們與我同在，即使在窒礙難行時：邁克、貝絲、雪莉、約納、大衛、麗貝卡、莉莉、卡特、諾亞、艾密特、伊萊亞斯與莎蒂。還有當然，蘿拉與安吉亞。謝謝你們成為我最棒的慈愛父母，鮑勃與蕾絲莉。特別感謝所有的歷程讚美！媽咪，我們為書籍分享與連結賦予了嶄新意義。非常感謝你「全心全意」……還有「雙向互動」！

尤其謝謝我好得無比的孩子，吉娜維芙、艾夏與艾蜜莉，你們每天鼓舞我。若沒有你們的支持，我絕不可能完成此書。現在既然完成了，我保證會開始「多說有益」……甚至可能「雙向互動」！我愛你們。

國家圖書館出版品預行編目 (CIP) 資料

父母的語言 / 丹娜・蘇斯金 (Dana Suskind) 著 ; 王素蓮譯 . -- 第一版 . -- 臺北市 : 親子天下 , 2019.05
304 面 ; 14.8×21 公分 . -- (家庭與生活 ; 52)
譯自 : Thirty million words : building a child's brain : tune in, talk more, take turns
ISBN 978-957-503-406-1 (平裝)

1. 腦部 2. 認知心理學 3. 兒童發展

394.911 108006030

家庭與生活 052

父母的語言

Thirty Million Words

作　　者｜丹娜・蘇斯金（Dana Suskind, M.D.）
譯　　者｜王素蓮
責任編輯｜盧宜穗、陳子揚
編輯協力｜李佩芬
校　　對｜魏秋綢
美術設計｜三人制創
排　　版｜張靜怡
行銷企劃｜林育菁

天下雜誌群創辦人｜殷允芃
董事長兼執行長｜何琦瑜
媒體暨產品事業群
總經理｜游玉雪
副總經理｜林彥傑
總監｜李佩芬
行銷總監｜林育菁
版權主任｜何晨瑋、黃微真

出 版 者｜親子天下股份有限公司
地　　址｜台北市 104 建國北路一段 96 號 4 樓
電　　話｜(02) 2509-2800　傳真｜(02) 2509-2462
網　　址｜www.parenting.com.tw
讀者服務專線｜(02) 2662-0332　週一～週五：09:00~17:30
讀者服務傳真｜(02) 2662-6048　客服信箱｜parenting@cw.com.tw
法律顧問｜台英國際商務法律事務所・羅明通律師
製版印刷｜中原造像股份有限公司
總 經 銷｜大和圖書有限公司　電話：(02) 8990-2588

出版日期｜2019 年 5 月第一版第一次印行
　　　　　2024 年 1 月第一版第十次印行
定　　價｜400 元
書　　號｜BKEEF052P
I S B N｜978-957-503-406-1（平裝）

訂購服務
親子天下 Shopping｜shopping.parenting.com.tw
海外・大量訂購｜parenting@cw.com.tw
書香花園｜台北市建國北路二段 6 巷 11 號　電話 (02) 2506-1635
劃撥帳號｜50331356 親子天下股份有限公司